U0596790

与树同在

ALEXIS JENNI
PARMI LES ARBRES

［法］
阿莱克西·热尼
著

黄荭 译

中国出版集团 东方出版中心

走向旷野，万物共荣

2021年，当东方出版中心的编辑联系我，告知社里准备引进法国南方书编出版社（Actes Sud）的一套丛书，并发来介绍文案时，我一眼就被那十几本书的封面和书名深深吸引：《踏着野兽的足迹》《像冰山一样思考》《像鸟儿一样居住》《与树同在》……

自一万多年前的新仙女木事件之后，地球进入了全新世，气候普遍转暖，冰川大量消融，海平面迅速上升，物种变得多样且丰富，呈现出一派生机勃勃的景象。稳定的自然环境为人类崛起创造了绝佳的契机。第一次，文明有了可能，人类进入新石器时代，开始农耕畜牧，开疆拓土，发展现代文明。可以说，全新世是人类的时代，随着人口激增和经济飞速发展，人类已然成了驱动地球变化最重要的因素。工业化和城市化进程极大地影响了土壤、地形以及包括硅藻种群在内的生物圈，地球持续变暖，大气和海洋面临着各种污染的严重威胁。一方面，人类的活动范围越来越大，社会日益繁荣，人丁兴旺；另一方面，耕种、放牧和砍伐森林，尤其是工业革命后的城市扩张和污染，毁掉了数千种动物的野生栖息地。更别说人类为了获取食物、衣着和乐趣而进行的大肆捕捞和猎杀，生物多样性正面临崩塌，许多专家发出了"第六次生物大灭绝危机"悄然来袭的警告。

"人是宇宙的精华，万物的灵长。"从原始人对天地的敬畏，到商汤"网开三面"以仁心待万物，再到"愚公移山"的豪情壮志，以人类为中心的文明在改造自然、征服自然的路上越走越远。2000 年，为了强调人类在地质和生态中的核心作用，诺贝尔化学奖得主保罗·克鲁岑（Paul Crutzen）提出了"人类世"（Anthropocene）的概念。虽然"人类世"尚未成为严格意义上的地质学名词，但它为重新思考人与自然的关系提供了新的视角。

"视角的改变"是这套丛书最大的看点。通过换一种"身份"，重新思考我们身处的世界，不再以人的视角，而是用黑猩猩、抹香鲸、企鹅、夜莺、橡树，甚至是冰川和群山之"眼"去审视生态，去反观人类，去探索万物共生共荣的自然之道。法文版的丛书策划是法国生物学家、鸟类专家斯特凡纳·迪朗（Stéphane Durand），他的另一个身份或许更为世人所知，那就是雅克·贝汉（Jacques Perrin）执导的系列自然纪录片《迁徙的鸟》（Le Peuple migrateur，2001）、《自然之翼》（Les Ailes de la nature，2004）、《海洋》（Océans，2011）和《地球四季》

（*Les Saisons*，2016）的科学顾问及解说词的联合作者。这场自 1997 年开始、长达二十多年的奇妙经历激发了迪朗的创作热情。2017 年，他应出版社之约，着手策划一套聚焦自然与人文的丛书。该丛书邀请来自科学、哲学、文学、艺术等不同领域的作者，请他们写出动人的动植物故事和科学发现，以独到的人文生态主义视角研究人与自然的关系。这是一种全新的叙事，让那些像探险家一样从野外归来的人，代替沉默无言的大自然发声。该丛书的灵感也来自他的哲学家朋友巴蒂斯特·莫里佐（Baptiste Morizot）讲的一个易洛魁人的习俗：易洛魁人是生活在美国东北部和加拿大东南部的印第安人，在部落召开长老会前，要指定其中的一位长老代表狼发言——因为重要的是，不仅是人类才有发言权。万物相互依存、共同生活，人与自然是息息相关的生命共同体。

启蒙思想家卢梭曾提出自然主义教育理念，其核心是："归于自然"（Le retour à la nature）。卢梭在《爱弥儿》开篇就写道："出自造物主的东西都是好的，而一到了人的手里，就全变坏了……如果你想永远按照正确的方向前进，你就要始终遵循大自然的指引。"他进而指出，自然教育的最终培养目标是"自然人"，遵循自然天性，崇尚自由和平等。这一思想和老子在《道德经》中主张的"人法地、地法天、天法道、道法自然"不谋而合，"道法自然"揭示了整个宇宙运行的法则，蕴含了天地间所有事物的根本属性，万事万物均效法或遵循"自然而然"的规律。

不得不提的是，法国素有自然文学的传统，尤其是自 19 世纪以来，随着科学探究和博物学的兴起，自然文学更是蓬勃发展。像法布尔的《昆虫记》、布封的《自然史》等，都将科学知识融入文学创作，通过细致的观察记录自然界的现象，捕捉动植物的细微变化，洋溢着对自然的赞美和敬畏，强调人与自然的和谐共处。这套丛书继承了法国自然文学的传统，在全球气候变化和环境问题日益严重的今天，除了科学性和文学性，它更增添了一抹理性和哲思的色彩。通过现代科学的"非人"视角，它在展现大自然之瑰丽奇妙的同时，也反思了人类与自然的关系，关注生态环境的稳定和平衡，探索保护我们共同家园的可能途径。

如果人类仍希望拥有悠长而美好的未来，就应该学会与其他生物相互依存。"每一片叶子都不同，每一片叶子都很好。"

这套持续更新的丛书在法国目前已出二十余本，东方出版中心将优中选精，分批引进并翻译出版，中文版的丛书名改为更含蓄、更诗意的"走向旷野"。让我们以一种全新的生活方式"复野化"，无为而无不为，返璞归真，顺其自然。

是为序。

黄 荭

2024 年 7 月，和园

目录

1

人生在世，意味着被所有的事物穿越。

——艾玛纽埃尔·科西亚

说植物是聪明的，那是在低估它们。

——弗朗西斯·阿雷

在豆类中，屈垂性演变为趋触性，这让它四处攀爬。

——科学词条

问树

　　小时候我所到之处，全都在树下；从我房间的窗户望出去，越过屋顶，越过篱笆，目光所及之处都是森林，它们环绕着田野，包围着村庄，缘坡而上，直达山顶。我在乡间长大，在这满眼森林的风景里整整度过了二十个年头，后来我离开家乡，但还是常常回这里来。

　　这个地方位于汝拉山脉尽头、阿尔卑斯山脉边缘地带，地平线上尽是黛青色的山峦，绵延不绝，蓝色愈远愈淡，直至与天一色，消隐在天边。这里是山区，树木繁盛，依山傍水。耕地朝山谷延展，像是在森林给它留下的空隙里大口吸气。树林茂密，却谈不上高大，长着黄杨、千金榆，还有歪歪扭扭的橡树，林间遍布我交错的足迹和自行车的辙痕。每到一处，我都会走近这些树，问它们对生命的看法。

　　这些树默不作声，但我坚持发问。它们或许作出了回答，不过是用了一种我听不懂的语言，是此起彼伏的

1

簌簌声、咔嚓声，是一种用战栗和生长表达的语言。其语速是如此缓慢，要花一整年的时间才能听它们说完一句话，要花二十五年才能领会它们的意图，要花六十年，也就是我现在的年龄，才能最终理解它们对我的提问给出的回答。但我并没有因此而气馁。如今，我对这种缓慢的对谈颇有经验，也稍稍有所领悟，能揣测到这些树对生命的看法，于是我把它们记录下来。从树那里不应期待任何发音清晰的字句，因为它们自身即是语言。它们的形态就是在说话，它们的整个形态就是它们要表达的意思；只需凝视它们，但要用心看、仔细看、久久地凝视。我乐此不疲。

在空心树里

下山路上，我坐在汽车后座上赌气，耷拉着嘴角，固执地一言不发。我就是要让人看出我的不满，这是我从小就会的招数。那个夏日午后，我本想跟邻居家同龄的小孩一起玩耍，玩什么都行，反正不是坐在车上弯弯绕绕几公里，就为了去看一棵树。父亲握着那辆雷诺 4L 的方向盘，一边开车一边冲我嚷嚷："和小朋友一起玩耍的下午多的是，以后你不会记得的，但进入一棵树里头的这个下午你一辈子都会记得。"他边说边侧过头，从车窗外的后视镜里看我。他说得没错，我的确至今还记忆犹新；但那是因为他数落了我，而我出于逆反心理和纯粹的赌气，费尽心思让他内疚，或许这才是这段回忆如此刻骨铭心的原因。

我们去了伊尼蒙①，之后我走进空心树里面。这是

---

① 伊尼蒙（Innimond）：法国东部安省的一个小镇。

＊ 本书所有脚注均为译者注。

一棵无比巨大的椴树，种在一座小教堂旁边，站在树下，感觉它比那座石砌的建筑更高大恢宏。它才是我们前来参观的古迹，而不是小山村里名不见经传的小教堂。四百年前，是苏利公爵①下令栽了这棵树。平定萨瓦公爵（duc de Savoie）的战争结束后，苏利公爵希望在比热地区（Bugey）的每个村庄都种一棵树，以此来象征和平。这是我们在地方志上读到的，是那些总是很快就找到一切问题的答案的学者的解释；而流传更广的说法是，这位亨利四世的得力大臣负责修路架桥和改善民生——"使每个法国农民星期天的锅里都有只鸡"，他希望法国每个教堂前面都有一棵大树，方便人们聚在树下，就像炎炎夏日，奶牛会聚在牧场中央的大橡树下一样。这样一来，得到大树的庇护和照拂，人们每周日中午可以一边在树下纳凉，一边自由地讨论公共事务，每个公民都感到自己有责任帮助政府一起建设一个刚刚平定内乱、再次统一的国家。

因苏利公爵的缘故而栽种的这棵椴树，它的树干是中空的。虽然有些害怕，但在父亲无比强烈甚至过分的鼓励下，我最终还是跨了进去。里面昏暗、寂静、满是

---

① 苏利公爵（Duc de Sully，1560—1641）：法国国王亨利四世时期的重要政治人物，他鼓励发展农业和畜牧业，主张商品自由流通，禁止破坏森林，推动筑路和排水工程，对宗教战争后法国经济的恢复做出了重大贡献。

灰尘，一圈树干像墙一样围住我，只有透过那狭小的开口才能看见光线和色彩，里面什么也没有，除了一股潮湿的气味、一片黑暗的阴影以及用手指甲一抠就变成齑粉的腐木。置身在这空心树干之中，我并没有产生安全感，反而心生戒备，仿佛身处张开的大嘴或肠道之中。在这个有机生命形成的洞穴深处，四百年悠悠岁月正静静地凝视着我。置身在一个生命体内实在让人有种奇怪又令人不安的感觉，我的心因激动和焦虑怦怦乱跳，甚至不敢用力呼吸，因为怕树洞合拢，我进来时的裂缝会缩小，哪怕只是缩一点点，便有可能把我永远地留在这里。

理智告诉我，树是不会吃人的，但那段时间，我正在一遍遍反复阅读雅各布斯①的系列漫画，在《亚特兰蒂斯之谜》（L'Énigme de l'Atlantide）中，主人公布莱克（Blake）上尉和莫蒂默（Mortimer）教授探索了隐匿在亚速尔群岛（Açores）下的洞穴，相传那里是消失大陆的遗迹。在其中一个洞穴中，有一片巨型食肉植物林在缓慢生长。树与树交织交错，有带吸盘的藤蔓和边缘呈锯齿状的叶子。它们一动不动，但一旦有人走到它们够得着的地方，它们就猛地抓住他们，然后合上，将他们吞噬。这几页我读得很慢，小心翼翼，准备一有任何风吹

① 雅各布斯（Edgar P. Jacobs，1904—1987）：比利时国宝级漫画大师，曾经为埃尔热的《丁丁历险记》画背景和上色，代表作为漫画系列《布上尉与莫教授历险记》。

5

草动，随时把书合上。

五十年以后，当我在自家阳台发现一株捕蝇草时，我托着花盆的底部，小心翼翼地将它捧起。从来没有人知道，我一直没从《亚特兰蒂斯之谜》的情节中缓过来。

"你知道在阳台的竹子下面，有一盆食肉植物吗？"

"啊，真的吗？我从花店买了一筐散装的绿植，但是我一个也不认识。"

"真的，我向你保证，它是食肉植物。"

我指着开了花的捕蝇草的小花盆给妻子看，捕蝇草的白花挺立着，周围有一排张开的宽大齿状叶子，很有耐心的样子，镶着红边，确实像张开的大嘴。

"你看……"

"啊……我不知道。那……这对猫来说危险吗？"

不危险，虽然这些叶子带刺，张开后会迅速合上，但是它们却无法伤害像猫这样的动物的一分一毫，只有昆虫才会成为它们的猎物。这些昆虫受到甜蜜芬芳的气味引诱飞入叶片中间，一旦停下，瞬间就会被捕蝇草的黏液粘住而溺亡，然后慢慢被捕蝇草的分泌物消化掉。半像章鱼半像荆棘、会吃人的巨型食肉植物其实不存在，不过，它和最后一只霸王龙、熔岩湖一起，成了给孩子们阅读的恐怖和冒险故事中的一个叙事形象。因为印象深刻，这类巨型食肉植物一直存在于我们的想象之中，因为被一棵树吃掉既惊悚恐怖又诡谲离奇。然而，无论

6

一只食肉动物的牙齿有多长，当我们被其吞食时，却不会觉得诡异。我们都知道，捕食是包括人类在内所有动物都有的本能。捕食这一行为只会让我们感到害怕，甚至恐惧，但并不会让我们感到不适，因为我们心里明白这是自然界的一种常见危险，总而言之，我们也会捕食，明白是怎么一回事儿。可是，一株植物！被一株植物吃掉，这是对世界秩序的颠倒！被这些给予我们食物、为我们提供庇护的植物吃掉，这太可怕太令人不安了。要是植物都变成食肉植物，那么我们将失去所有的庇护所。

现在我对绘画有了一些了解，我知道克拉纳赫①的这幅画：丘比特在一棵裂开的树旁被蜜蜂围攻。他尝试偷蜂蜜，但遭到蜜蜂的誓死抵抗。蜂巢入口是树干上一道黑黢黢的裂缝，而冒失的贪吃鬼小爱神丘比特将他的手伸了进去。现在被蜇得到处都是包的他，在一群愤怒的蜜蜂中挣扎、呻吟，而在他身边，站着一个美丽却冷酷无情的裸女，她佩戴着珠宝，披着透明的薄纱，戴着奢华的帽子，她嘲笑他，甚至没有正眼瞧他，更没有想要帮助他的意思。想当年，我以为自己会被困在伊尼蒙的那棵树里面时，还没看过这幅画。那时的我在父亲的

----

① 克拉纳赫（Lucas Cranach，1472—1553）：德国文艺复兴时期的绘画大师，和丢勒、格吕内瓦尔德齐名。

鼓励和逼迫下进入那棵树，而他自己则小心翼翼地待在外面。但也许，曾经激发老克拉纳赫的灵感并在他痛苦的精神世界中创造出这一奇怪画面的东西，当时已经在我的内心翻涌，我还不知道该怎么给它命名，只是感觉到一个活的、但可能是空心的生命设下的陷阱，人们会天真地走进去，而它会突然反过来攻击人类，并且迅速合上入口，刺痛他、吞噬他，而边上，站着一个美丽、冷漠的裸女，在笑。

树在我们的脑海中，它注视着我们；我们彼此并非漠不关心。

进入其中能让我们更好地接近一个生灵吗？

其他和我们一样的动物都有内有外，我们住的房子也有内有外，我们把我们的财富和秘密锁在盒子里，关上的盒子也有内有外。那么对我们来说，"进入"意味着更接近事物的核心，甚至那些情爱缠绵与卿卿我我也是如此：内在比外在更接近存在的本真。然而这个道理到了一棵树这儿就站不住脚了，因为树没有内在。我曾毫不费力走进去的那棵树就是证明：它的里面是空的。

那么，空心树里的我到底在哪儿呢？哪儿都算不上，我在和树外面一样的空间里。我环顾这个被蛀虫和昆虫蚕食的树洞时，惊讶于一棵里面空空如也、一无所有的树竟然还活着。树干里已经被虫蚀成这样，它岂不是成了一具站立的僵尸，一缕幽魂，一个完全靠不住的树形怪物？但是它的树叶仍然新鲜翠绿，茂盛的枝丫甚至吐出了新芽。它还活着。四个世纪斗转星移，从外面来看，这棵树依然生机勃勃。但是内部空空如也怎么会健康呢？这的确是动物和人类的问题，而树木甚至不会问自己这个问题。如果我们问自己这个问题，那是因为我们对树干有一种错误的看法，将树与我们自身进行了类比。所有与我们共享地球的生物，在我们的想象中，它们都是直立的，有头、有胳膊和腿。当一棵树出现在一本儿童读物的故事中时，我们会在其树干的顶部加上一张脸，它会像用腿一样用根茎行走，它的叶子则变成茂密的头发。树干被大大高估了：对于一棵树来说，它只是一根大梁，简单地支撑着只占这棵树一小部分的脆弱管道。细木工坊中所谓的木材构成了树干的主要部分，这些木材都是已经死去的。树干只起支撑的作用，正如我所说，它是一根大梁、一根立柱，连接着树的两个鲜活的部分。两端的"须发"在不断生长，一端朝明亮的天空舒展，另一端深入水分充足的大地。一端是树叶，另一端是树根，它们是两个体积相当的树状结构，是树这种奇怪生物的两个有机组成。

这树干，我们眼前这笔直的树干，由于挺立着而被我们想象为自己的同类，其实它只是作为连通树各部分的营养管道的载体而存在，它太纤细、太柔弱，无法独自挺立存活。输送汁液（注意这里是复数，我们之后再解释）的导管分布在树干的周围，在几毫米厚的薄层中，附着在树皮这层庇护它们的死细胞之下。如果将一根树枝上的树皮剥开来，我们会发现里面是潮湿且有点黏糊糊的：就在这里，我们触到了从撕裂的导管中渗出的汁液；余下如同骨头一般白的部分就是它的骨架了，甚至不足以称之为骨架，因为我们人的骨头常年在骨腔里进行着某种活动，而树木却没有。构成树木的导管多年受损，被堵塞和挤压，而导管中的木质素和单宁酸赋予它们硬度、颜色以及抵抗细菌、真菌和昆虫的能力。这种抵抗力是强大的，有时甚至是超乎寻常的，就如我们在伊尼蒙的椴树身上看到的一样。即使是那些参天大树，树干中活跃的、有生命力的部分也只是一个几毫米厚的圈层而已；其余部分只是让它们能保持挺拔，让它们能够最大限度地将自己的枝叶朝空中舒展。树就算空心也可以活着；虽然这会让它变得脆弱，但只要暴风雨不将它拦腰折断，它依然可以活得很好；相反，表面一个浅浅的伤口，在树皮上刻的一个爱心——不管里面有没有刻两个名字交缠在一起的首字母，还是由于车辆不当操作而被刮伤的划痕，抑或是修剪时锯枝条的位置不巧，伤到了树的导管，都会给树带来巨大的伤害，这意味着它生命体中最重要的部分受到了损伤。这里的用词有一种矛盾的意味，放在动物身上没问题，用在这里却显得荒谬，从本质上说是正确的，但从位置上说却是错误的：树身上最有活力的部分不在最里面，其所处的位置并不像人类一样靠近心脏，而是在最接近表层的地方，因为它没有一颗跳动的心脏。树的"心"是贴近外界的，而我们动物却将自己的心深藏在我们亲手打造的最深处。如果最深处意味着本质，对于树，它的本质在于浅表，在于触手可及的表皮下面：它的"心脏"紧挨着树皮。当进入这棵空心树时，我并没有更靠近它的灵魂，我穿过它却未曾发觉，我已置身于它黑暗的虚无中，在它过往的痕迹中，在它的幻影中。

"在空心树里，生命迹象如何？"
"完全正常。"

寻找相似的意象

博斯修道院（monastère de Bose）的院子里有一个很大的喂马喝水的水槽，一个从奥斯塔山谷（Val d'Aoste）大费周章弄下来的石槽，在一整块七米长的石灰岩上凿出凹槽，僧侣们在里面养金鱼。清澈的水从一个喷泉流进来，从对面的排水口排出。鱼儿在它们长七米、宽半米的世界里游来游去，摆动着海藻一样的长长的鱼鳍，偶尔碰在一起，一时间惊慌失措，但很快就恢复了平静。像往常一样，它们心无旁骛地在水中游来游去，我好奇它们在想些什么，又是如何看待自己的小世界的。这让人联想到一个笑话：一只猫坐在金鱼缸旁，和里面的金鱼聊天。

金鱼问："外面的世界是怎样的?"

猫回答："很大。"

"啊……"金鱼边说边吐出一个疑惑的泡泡，它不太理解这意味着什么。

猫问道："在全是水的地方活着不会很难受吗？"

金鱼反问道："什么是水？"

生活在博斯修道院的水槽中，在这七米长的小天地里，鱼应该能够感受到喷泉喷出来的水落在它们身上的力道、其他鱼的游动，以及水波打到石壁上反弹回来的水波。它们在水中漂浮，就像迎风招展的旗帜；它们感受着周围的一切，感受着来自内心和外部世界的一切。鱼儿吞下流过的水，又通过腮盖后缘排出，它们还将喝进去的水从尿孔排出去，从不加以掩饰。它们在水中游动，生活在水中，与水融为一体，它们就是水，或者说，鱼就是水的运动，这听上去像是一个道家故事。

除了这种惊人的对无聊的忍耐力有点超出我们的想象外，我们对鱼还是了解的。我们不用挖空心思就可以把自己想象成鱼，体验水下的生活。我们曾在河流中游泳；曾被海浪淹没；曾整个人泡在浴缸里，不断流出的热水让浴缸晃晃悠悠，种种体验让我们有了一点生而为鱼的感觉。如此一来，我们便可以理解扎根于漂浮的世界、对一切都很敏感的树为何物了。

一棵树到底是什么样子呢？还是让孩子画一棵看看吧。我之所以说孩子，是因为只有孩子愿意做这件事。一个成年人听了会推说自己不会画，或者怀疑你的意图，又或者自作聪明地画出极其浮夸或过于简单的画来。但无论如何，就算成年人肯画，结果也是一样：他画的树干会把全部空间占满，树根只有寥寥几笔就没了，然后是太小的树冠，只有简单轮廓没有具体结构，像埃弗罗发型（coiffure afro）①那样，只不过涂成了绿色。我们想象中的树是不完整的、比例失调的，因为我们把它当作人来看待。我们对树干过分重视，因为树与我们一样是直立的，看起来好像也有胳膊有腿——这也是一种拟人视角。凡是与我们接近的，我们都想赋之以人的形象，希望能够对它说话，毕竟我们那么爱说。但是，我们已经知道，树干没什么大不了的。把整棵树简化为树干，就像把人简化为腿骨或脊椎，简化为生命体的一小部分，而我们根本不可能通过它去理解整个生命体。

树和我们一样是活的，只是活的方式不同，非常不同。与其给它画上眼睛与嘴巴，或是像漫画那样，把它的所思所想放在它头顶的对话气泡里；或是牵强附会地寻找毫无意义的相似点，抑或是用毫无用处的装扮让它变得滑稽可笑，都不如尊重它，接受它原来的样子，了解它的本来面目：一个和我们迥异的他者。

若想要知道人是什么，麻利地把他画出来就好了，若要画出一棵树的机能图，最贴合的形象莫过于床单，一条夏日挂在花园晾衣绳上的白色大床单；一条透着阳

———————
① 一种类似非洲黑人那种圆形蓬松的自然卷发型。

14

光、迎着热风、飒飒作响的床单；若是挂得低一些，它轻轻拂过绿草，会被露水打湿；此外，它随着白天生长壮大，并且永远也干不了：这就是树。

难道不像吗？从机能上讲其实很像。我们只需去除所有死去的、只用于支撑的部分，去掉树皮，还有整个树干和树枝的木质成分，只留下有活力的部分，然后把它展开，我们就有了一张透气且半透明的膜，随风飘扬且很敏感，非常喜湿。从机能上讲，树就是这样存活的。

若要尝试理解什么是以一棵树的方式活着，像树一样在大气和地球的水汽中浸润、蔓生，我们可以参考前文提到的鱼。让思绪回到所有我们曾经徜徉在水中的时刻：当我们闭上双眼、平躺在涌动的水流中时，就能体会什么叫浸没式活着。但只能是一定程度上的浸没，不能超出其限度，因为人无法像树一样对整个世界都敞开怀抱，否则的话，我们会被水淹死。

但我们也不该言过其实，若把树说成是"敞开"的，未免太夸张了，因为一切活物都不会是敞开的，它会蔓延生长，最终消亡。倒不如说树是"沉浸式"的，漂浮在它所处的环境中却又不融入其中，就像波涛上的冲浪者。作为自我封闭又有些神经紧绷的动物，我们尽量避免被浸没，但树却相反，它沉浸其中，舒展、漂浮，身上还保留着一点海藻的特性，随着海浪摆动。而我们却把自己封闭在体内的五十升水里，它是古老海洋的一部分，承载着我们诞生地的记忆，记录着我们的过去，我们无论走到哪里都带着它们。因此，我们更像是戴着玻璃面罩、穿着橡胶衣的潜水员，用增压瓶携带我们所需的氧气。我们被密封在里面，因为动物总是生性多疑。

树尽情舒展，投身自然，浸润其间，天生对环境充满信任；它交错、缠绕、分叉，为了更好地和阳光与湿气融合在一起。它沐浴着空气和水汽，身上的每一寸"肌肤"都与之接触。树是一个面，就像折纸，折叠后的面最终会占有一定的体积。它也是一个交换面，一个不断生长的面。它对周遭环境非常敏感，对发生在它身上的一切都会作出反应，一切在它身上都会留下痕迹。就这样完全地拥抱世界，这赋予它无限的生命，在我们这些囿于小小躯壳和短暂生命中的动物看来，树拥有的是一种永恒的生命。

"生命是什么？"

"是漂浮，是浸润，是光线；是大海追逐太阳；是永恒。"

汗洒撒哈拉

　　一天，当我到了一个没有树的地方，我才知道自己其实很喜欢树。布萨达①以南是撒哈拉沙漠，一望无际的荒地上遍布黄沙碎石，除了几根紫褐色的荆棘藤条，再没有别的植物生长了。这里唯一的绿色痕迹是几辆军车，穿梭在抖动的热浪中。客车里的气温全凭打开的窗户调节，每个人都在炎热的气流中尽量让自己舒服一点。汗流不止，是出汗让身体凉快下来。覆盖在皮肤表面的汗液变成水蒸气，而水的这种形态变化会消耗热能，带走身体的热量，热量被"捕获"，仿佛随着这个物理变化被消除了。若是处在气流中，体内的水分将更快速地蒸发：水汽离开人体后，皮肤开始变得干燥，会促使我们流更多汗，身体就会变得更凉快。照这样下去，身体将失水变干，但人不会被热死，只要喝水就行了。所以在

---

① 布萨达（Bousaada）：阿尔及利亚地名。

车窗大开的客车上，在穿越撒哈拉沙漠的过程中，我们拼命喝温吞吞的水。

这些树也在出汗，尽管和我们出汗的原因不同，结果却是一样的：液态水从树根升到树叶，然后变成水汽，飞到大气层。由于水汽完全透明，因此人们看不见它，却能感觉到它。车子最终开到了盖尔达耶①，这里空气极其干燥、炙热。我们戴着墨镜的眼睛变得干涩，喉咙也逐渐干哑。但当我们靠近城市周围的棕榈林时，仿佛进入了一个潮湿的穹顶之下。这种感受十分强烈，我们从干燥难耐的城里出来，沿着沙子路，朝在赭石和泥砖砌成的墙上方随风摇曳的棕榈树走去，我们穿过了一道无形的幕布，这幕布就像空气里的一层水纱，环绕着这片绿洲，迎接我们的到来。我们的喉咙和肺部渐渐变得湿润。穿过荒无人烟的沙漠，我们终于回到了人类的家园，得到了树的庇护，它用蒸腾的水分滋润着我们。天没那么热了，空气也没那么干了，甚至连阳光也没那么刺眼了，这里的一切都让人感到很舒适。棕榈树下长着果树，结着橙子、柠檬、石榴还有无花果，再往下还有蔬菜。在这湿润、芬芳的气息里，我认识到自己此前是多么想念树木。由于我从小到大生活的地方都有树，我不太喜欢也不去干燥的地方，因此从未注意到在我一直

① 盖尔达耶（Ghardaïa）：阿尔及利亚中北部城市。

18

以来呼吸的空气里有着植物提供的湿润。只有当撒哈拉沙漠剥夺了这份湿润而绿洲又把它归还给我时，我才意识到这是一份无比珍贵的馈赠。后来，经过一段乘夜车和搭便车的长途旅行之后，载我们去卡比利亚①的汽车开进了一片森林，穿梭在路两旁林下灌木丛的树荫之间。我如释重负地打开车窗，深呼吸，现在我能感受到树的气息了，这是家的味道，就像经过一天漫长的旅行后钻进新洗过的床单里，然后安心地进入梦乡。

"那么，盖尔达耶的棕榈树长得怎么样？"
"它们就像东方人，贫穷，但慷慨大方。"

这些地区水资源稀缺，但用水却毫不吝惜，水从地下抽出洒向空中：只有这样，树才能存活，要用水把它浇透。
即使在沙漠中，水也是存在的：水从地底深处被抽出，经由不同的灌溉渠，直至被输送到树木根部的土壤里。树木吸收这些水分，然后水分通过树干和微小的木质部导管上升到叶片。树木里有一些小导管（即木质部——树皮下以圆形排列的薄而不透的管道）来使水分上升。人们通过数年轮来估计树龄，树木每年都会长出一圈年轮，这些年轮每年冬天闭合，每年春天又会生成

_____

① 卡比利亚（Kabylie）：阿尔及利亚北部多山的沿海地区。

比前一年稍大的圆环。为了形成年轮，细胞不断伸长，端对端排列，其内壁充满了影响树木硬度的木质素。这些细胞会死亡并被排空，由此形成了一个长长的空心管道，水分会顺着这个管道上升。

这是如何做到的呢？答案是通过极细的导管。当我们将一根导管插入水中，会看到管内水位上升。这种现象是由于液体和木质部之间存在的附着力造成的。随着导管口径变小，附着力随之变得更大。树木中的导管是如此细小，以至于水一路沿着木质部的导管向上攀升，可到达一百米甚至一百五十米的高度，和世界上最高的树木——位于太平洋东岸的巨杉一样高，这可比绝大多数树木生长需要的高度高多了。只要有树木的地方，就有许多股细如丝线的绵长水流，如同被树叶里的绞盘牵引向上，顺着树干流向天空。如果其中一条水流中断，会发出咔嗒的声响，输送的导管也会自行闭合。不过这并不要紧，毕竟每天都有数千条这样的水流顺着树木向上流。这个过程永不停息，因为高处的树叶受到阳光照射，水分会蒸发，但失去的水分马上就会被输送到高处的水流补充。无数条水流如同倒流的瀑布，无视重力的作用流向天空。这是一个真正的水泵，从土壤中抽取水分运输到高处，使植物保持挺立，向外不断喷射出强大的水汽。水汽就这样充盈了天空，形成许多新的云朵，随后变成雨水落到地上。

棕榈林的树木费水，奢侈之至，它们尽情汲取灌溉的水分，又将自己微薄的水汽慷慨地洒向四周；这些树木营造出一个巨大而湿润的"气泡"，一个美妙的花园在其庇护下得以生长。神话和文学中所有的伊甸园、乐园，抑或是玫瑰园的出现都要归功于这种蒸腾作用，是它让原本不宜居的地方变得宜居。

创造出这种"喷水"技艺，对树而言有什么用处呢？叶子需要水作为光合作用的材料，于是树干带来了水；叶子同样需要土壤中的矿物质来保证它"生化建造车间"的运行，于是矿物质连同水一起被运了上去。树液其实也仅仅是一种矿泉水，它受树根泵送，不断向上，直至叶梢，最终被消耗并散尽。树液在流动，但这种流动是单向的，一去不复返：水分经由树根进入，再从树叶排出，并不会循环回来；这与我们动物的循环并不相同，我们的循环系统是一种可反复利用的循环经济模式，尽量不损耗一滴水。正如某位生物学家所说，我们就是"一个皮囊"，一个装满水、能行走的皮囊，我们承载着自身的水分并尽量不使其流失太多，让水分在封闭的循环中流动。我们就像小说《沙丘》（*Dune*）里的弗雷曼人（Fremen），能在遍地黄沙的厄拉克斯星球的茫茫大漠中存活，而这全凭弗雷曼人身穿的蒸馏服。这套密封的服装不会使水分流失，哪怕是极少量的分泌物都能被回收再利用。在这一点上，我们和树还是很不一样的——我们更像北欧人，而不像东方人。

用树来表达

　　第一次看到佩诺内①的作品时，我产生了一丝犹豫。我不知道犹豫是否能算一种真正的情感，但它的确是一种困扰，让人无法心无旁骛、正常地思考：它是一种不稳定的状态，令人惴惴不安，却开启了多元性的大门。在树枝间跳跃，犹豫会使人丧命；然而当披上伪装、舒适、诱人的陷阱摆在眼前时，很显然犹豫能救人一命。

　　那是在杜乐丽花园（Jardin des Tuileries），我和同伴一起散步，边聊天边心不在焉地看着小树林、雕像和灌木丛。和很多事物一样，佩诺内也是我通过照片认识的。茂密的小树林里，一棵横卧在地上的树映入我的眼帘，柔和的青铜色光泽在浓荫中分外惹眼。经过的时候，我在心里对自己说："它的树皮被时间打磨得多光滑啊……"

————————

① 佩诺内（Giuseppe Penone，1947—　）：意大利艺术家，都灵艺术圈"贫穷艺术运动"的主要成员，他的大多数创作都与树有关，把树视为他生命中最重要的艺术语言。

我想到了佩诺内，脑子里迅速浮现出他的很多作品，不，这棵树看起来如此真实，应该只是棵枯树。可为什么要把这棵倒下的树留在这个精心维护的法式花园里呢……我又想到佩诺内，还有其他。

我走上前去，不敢相信这是人造的作品。虽然有点荒唐，但我怕自己看走了眼，有两种可能，一是我居然把一棵树当成一件艺术品；或者是说把一件艺术品当成一棵倒下的枯树，因为未知的原因还留在原地没被搬走，之所以有这样的顾虑是因为如果那是佩诺内的作品，在事情一目了然、在可以看到作品前面的草坪上竖着的标牌之前，我会想对我的同伴随口说一句"看，一件佩诺内的作品"。如果那是一棵真正的树，我可能什么也不会说，因为告诉大家小树林里有一棵树，哪怕是一棵枯树，都不会引起任何人的兴趣。还没走到可能会放置的标牌前，我再也忍不住了，跨过手掌高的防止草坪侵占到路上的路沿石，走到倒在地上的树干跟前，伸手摸了摸它。凉凉的，是用青铜做的。

第一次和这种混合了天真和时髦的艺术品接触有点可笑，后来我又过一些佩诺内的其他作品，在博物馆、在展览上和格勒诺布尔的作品回顾展上。我了解了他的创作步骤，理解了他在做什么、为什么这么做，但他总会让我沉浸到一种奇怪的感觉中，一种在身体、精神和行动交会处的最初感觉，我第一次和他的作品相遇时涌上心头的感觉：犹豫的感觉。佩诺内和树谈话，谈论树，谈论我们，用树来谈论我们，我们永远不知道谁是谁。

　　从一开始，佩诺内的创作就是以木为材料。不是木板，也不是木梁，而是活生生的木头，或者说是树，就像它曾经活着时的样子。他让人送来带树皮的原木和未加工的圆木，在工作室里用精密的工具十分耐心地除去一层又一层年轮。从树干的截面看，这些年轮形成一个个圆圈；而从三维来看，每一个圆圈都是一圈管道，将树干完完全全地包裹起来。他用精细的半圆凿和牙钻仔细地除去一圈又一圈年轮，每除去一圈都露出前一年的年轮：一圈年轮悉数除去后我们就可以看到树木一年前的样子。他耐心地继续创作。就这样，他做出了一些奇特的作品，并将它们展出：底座是一个大圆木，其大小表明了它的树龄，三十年、五十年抑或是一百年，圆木上支棱着一棵十分光滑的幼树，树龄大概为五年或十年；但它并不是插上去的：它是整段树干留下来的树心。佩诺内展现了在这棵百年树干的中央，依然是那棵十年树龄的小树，它被完美地保存了下来。面对这棵几乎被雕刻出来的真树，人们不禁问自己一个直击灵魂的问题：我们内心的孩子在哪里？我们朦胧地感受到他的存在，这种存在十分强烈，令我们时常想起，却又一直不知道他长什么样，无法确定他在我们体内的位置。透过这个作品，我们看到了答案。

佩诺内一边握住树木，一边说它无处不在，而且具有可塑性。树无处不在，这显而易见，但说它有可塑性，对于一个在梁木上磕到额头的人来说就很奇怪了：梁木发出响亮的声音，却纹丝不动，人的额头一侧倒是碰出了血肿。佩诺内一边用手一把握住一棵小树的树干，一边让人给他拍照，这树干比一把十字镐的柄粗，但还是够细，可以用半合的手握住。他用青铜翻铸出他的手，并将其嵌到树上他之前握过的地方，之后就是等待。几年过去，这只完好无损的青铜手变高了一些，树将其带到了树干上更高的位置，而紧握的青铜手指却将树牢牢束缚住。这个部位的树干弯曲、变形，像面包师傅结实的手中的面团。树在生长过程中与束缚融为一体，这种束缚也刻进了树的形状，留下了明显的记忆。

从长期来看，它们的硬度颠倒了过来：额头在梁木上磕出的血肿很快就被忘记，但对于那棵树来说，只要我们留给它足够长的时间，它便会不断变化、反应、调整，变得具有可塑性。

植物细胞是敏感的。外界的触碰会改变树体内里循环的生长激素的分布，继而改变树不同部分（如枝条、树干和根系）的生长速度。树用这种方式来避开、绕开或克服外界触碰的影响，从而继续生长。树木对环境的反应如此缓慢，以至于让我们觉得这种敏感性似乎并不存在，但树木的形态变化证实了它的敏感性，也见证着它动荡的生命旅程。

生活就是这样，我们绕过一个又一个障碍物，留下我们绕过的痕迹。我们隐约能感觉到，看到它时会惊讶，想到它时会不安；我们把脸凑到镜子跟前，仔细端详，看着脸上的不对称、下垂和皱纹，不由扪心自问：多年来是什么紧握住我们，就像那只紧握住树的纹丝不动的铜手，让我们变成了今天这个样子？

佩诺内的作品令我着迷，他的作品全都与树有关，但目的是谈论人类。他创造了一面木质的镜子，在那里我们可以看到自己真实的样子，看到我们深处赤裸的心灵。

扎根

我们的根是什么样的？甚至再退一步说，我们有根吗？人们围绕这两个问题争论不休，无论是政治上、道德上还是文化上，人们对此的争论总是在翻来覆去地兜圈子，这令我很恼火。我低头去看脚下：没有根，我走起路来毫不费力，想去哪儿就去哪儿。国家和民族的、天主教的、欧洲的根，这些都是一种隐喻、一种意象、一种想法，我们通过语义的变化就能从一个事物滑到另一个事物上去。我们在本义与引申义之间转来转去，不再清楚自己在谈论什么，但这却并不影响说话、争吵甚至想动手，这同样令我恼火。一直以来，我从根那里学到的是：人们是为了能够在街上飞驰才给街道铺上沥青的。曾经，我在夜里会穿着轮滑鞋在里昂的大街小巷穿梭，一直滑到人行道变成了通往乡下的砾石路肩，直到街巷变成了快速公路，然后我在夜色中穿过大街小巷，朝铺满了平滑沥青的市中心往回滑。这一爱好持续了好几年，直到我对此完全失去兴趣。

　　我在空无一人的城市里顺畅地滑行。夜色和固定的照明好似幻化成了基里科（Chirico）① 的画作，而我则在这片纯净的城市空间中滑行。因为暗夜，整座城市恢复了它最简单纯粹的几何之美。我滑着轮滑冲入大街，遇见了几个夜游的人，街上的车辆寥寥无几。整座城市都属于我，所有能供我一个人自由自在滑行的游乐区也都属于我。无限的自由，无边无际。我什么都不在乎，我滑行。

　　下雨天我就不玩轮滑，因为湿漉漉的金属板会让人滑倒。除此之外，我还得小心一些碎石，因为轮滑鞋的小轮子太硬了，会在上面打滑；还有那些裸露的平地，上面可能会坑坑洼洼的，容易让人摔跟头。但最重要的是，我还得避开那一排排的参天大树以及码头边宽阔人行道上美丽的梧桐树，因为即使从远处看，沥青路好像都被它们压得凹陷了下去。夜晚，我是在里昂城到处全速滑行时明白了这个基本道理：树根就是绊倒我们的东西。这就是对所谓人类之根的一个完美的定义，这个定义解释了为什么它会促使我们投入到一些荒谬的辩论中去。

---

① 基里科（Giorgio De Chirico，1888—1978）：意大利超现实画派大师，是形而上派艺术运动的创始人之一。代表画作有《一条街上的忧郁和神秘》等。

市区的梧桐树有大腿一样粗壮的树根，根系从树干底部开始生长，之后就隐入土中看不见了；在离树干稍远的地方，路面被撑开拱裂，每日数以千计的汽车往来其上它尚能承受，如今却被树根用力划开，像一块布料一样被撑起。然而木头是柔软的，用指甲就能在上面划出痕迹，沥青路面却要硬得多，即使用尽全力也难以将其弯折，但两者相遇时，屈服的却是沥青。这个问题也许能用力的持续时间来解释，作用力持续的时间不同，我们感受到的材料的强度也会随之改变。当我们由扶梯走入泳池时，水是柔和而包容的，但当我们从高处落下，当入水的瞬间只有几分之一秒时，水就会变得像混凝土一样坚硬。树有的是时间，树本身就是时间的刻度，它在生长，生长（pousse）一词在这里有两种词义，它生长，同时也在撑破，路面一点点被撑起顶裂，石头被拱起裂开，在植物那持久的耐心面前，坚固的矿物最终也会屈服。

　　树根蕴含着强大的力量，就像工地机器上的那些黑色橡胶管，仅靠内部的压缩空气，就可以吊起石块或推倒墙壁。根只是表面上看起来柔软，在它内部涌动着的巨大力量甚至足以造成山崩地裂。机器的力量来自压缩空气，树根的力量则源于渗透压，被一股巨大的穿透力推动着，根系拱开岩石，扫清障碍，不断向地心的方向延伸。

闲话植物的"肌肉"

　　我刚刚把"渗透压"这几个字写出来，好像这是个常用词一样；当我意识到也许并不是每个人都懂得这个词语的意思时，我已经在写下一句话了。就算我们不把它叫作渗透压，我们都有这样的经历：在家庭聚会上，我们会铺上一大块白色的桌布，摆上只做装饰用的漂亮盘子，每只盘子前放上两个高脚杯，把酒拿出来，突然一声惊呼：快，拿盐来！一个酒杯打翻了，酒洒到了桌布上，立刻就被吸收了，形成了一块有可能在有缎纹的桌布上擦洗不掉的红色酒渍。盐！拿盐来！在焦急的气氛中，盐瓶拿来了，如果还不够，就拿那瓶专用于厨房、不敢放在餐桌上的整瓶鲸牌海盐，我们把一堆盐倒在整个污渍上，盐变红了，它把酒吸收了，这基本上就是形象的渗透压的例子。

　　如果我们用一张保鲜膜把盐包起来，盐依然可以通过保鲜膜的孔隙把酒吸收掉，这个放了盐的保鲜膜小包会因为吸收的液体而膨胀。

　　活细胞就像祖母挽救一顿糟糕的饭菜时所采取的措施：一个装满盐水的小袋子。当它被浸泡在盐度较低的水中时，水就像被盐吸引一样进入袋子中，袋子慢慢膨胀、膨胀，这是一种真正的并且持续施压的机械力，它膨胀得很厉害，以至于当细胞膜承受不住时，细胞可能会爆裂并消失。为了避免这种情况出现，每个植物细胞都被封闭在一个纤维素壁的盒子里，这是一种能够承受这种爆裂力的纤维膜。这就是为什么植物根部会钻入地下，为什么叶子会张开并支棱着，为什么植物会挺立：它们的所有细胞都是"压力锅"，柔软的结构被水撑满，直到它们变硬，就像……嗯，就像一根浇花的水管，一根正在工作的消防水管。这里没有骨头，但有一种内部压力使机体变得非常坚硬，如果测量的话，这种压力相当于汽车轮胎的三或四倍。植物的骨架是有水压的、柔软的、可变的，除了树干，我们之前已经说过它就是一根柱子，由于水可以根据内部和外部的盐度变化进进出出，这会让细胞鼓起或瘪下去，从而不用肌肉也可以完成一些运动。在植物中，骨架和肌肉之间没有区别，渗透压可以让植物保持动或不动，而一旦缺水，植物机体就像被针戳了一个洞的瘪了的游泳圈：植物会耷拉下来、起皱、枯萎、变得软塌塌，甚至倒伏在地上。然后它就死了。

归根

如果我们联想到人类的根源这个相似的形象，就会发自内心地感知到是什么支撑着我们、滋养着我们，把我们与祖先的过去连在一起，奇怪的是，我们认为祖先的过去是埋在地下的，越久远就埋得越深，这可能是受葬礼仪式的影响。

这个与总体枝叶一样庞大的根系有什么作用？它将树木固定住，使其屹立不倒，但更重要的是它能吸收渗透到土壤中的矿物质水。但在任何情况下，树根都不会被滋养，首先是因为"滋养"这个词用在植物上（即使是食肉植物）听起来不太对头，其次是因为如果我们真的想用动词"滋养"，我们就得说，树自己滋养自己，不吃别的东西。据说，像所有植物一样，树是自养的：它通过其叶肉细胞的光合作用存活。我们动物是异养的，因为我们必须吃别的生物。最后说说食肉植物，虽然我们对这种植物很感兴趣，但是它们的数量很少，吃肉也只是一种假象。事实上，它们布置陷阱捕捉昆虫，但并不吃掉它们：它们将昆虫溶解，直到它们变成液体，再从这些液体中吸收含氮分子，就像根在土壤中吸收水分一样。这种植物长在贫瘠的土壤中，会竭尽所能地获取肥料。

植物的根是唯一真实的根，因为它不是一个隐喻，不是植物的起源，也不是它的基础：它恰恰是与植物其他部分同时存在的。种子中包含的胚芽是未来树木的缩影：一个侧根，一个胚茎，一些小叶，一切都将以镜像的方式生长，被光拉动的枝条在阳光灿烂的大气中舒展，被重力拉动的根在水浸润的土壤中生长。它们形成了表面对称的两部分，这两部分由树干作为管道连接，一部分向另一部分运送它所必需的营养成分，叶子给根系提供糖分，以便它们能够生长，根系给叶子提供矿泉水，以便它们能够合成糖分。这奇妙的循环，组织得如此完美，以至于人们需要花点时间思考才能提出这个问题：为什么一切进行得如此顺利？或者说，树是如何知道该怎么做的？根系是如何感知土地并向下蔓延的？枝条是如何知道天空在哪里而向上生长的？以古代科学的认知，这种奇妙的组合是上帝存在的证明，世界是一个校准到极致完美的钟表，显然是上帝之手的杰作，因为没有"伟大的钟表匠"就不可能设计出钟表。现在，人们意识到，上帝并不关心这些细枝末节，而科学可以解释万物演化的进程，这个问题就变得更有趣了。

通常情况下，人们播下一颗种子，任其发芽，根部会向下生长；将那颗种子翻个个儿，人们发现，它的根部会弯曲，调转方向，仍旧向下生长。但在空间站里，种子发芽的过程并非如此。虽然我没有身处空间站，而是在家里通过电脑屏幕见证的，但正如我们在屏幕上可以看到一切，街道、度假的情况、朋友们，这和现实并无太大差别，和我所在的地方一样真切，让我有身临其境的感觉。宇航员曾携带滨豆种子，搭乘"质子号运载火箭"① 到太空站让种子发芽。他们平躺悬浮在半空中，游泳似的，前往照料安置在各处的一撮撮种子，用浸满了纯净水的小纸片浇灌它们，并摄像记录其生长过程。在空间站里，种子生长的速度是地球上的四倍。并且，根部就像患了慢性癫痫病似的，按照自己的节奏任意生长，软弱无力，好似无用的开瓶器，连最松的瓶塞都顶不开。宇航员们不受失重的困扰，他们随意飘浮、玩耍、翻滚，就像在泳池里调转方向一样。当然，渐渐地，他们会肌肉萎缩、骨质疏松。至于发芽的种子则情况更糟：

_____

① 从 20 世纪 60 年代中期以来，俄罗斯"质子号运载火箭"（la fusée Proton）一直是苏联/俄罗斯发射大型航天器的主要运载工具。冷战结束后，由于能源号运载火箭被弃用，质子号实际成为俄运载能力最强的火箭。

失重后，它就不知该往哪个方向生长，也不知地球在何处了。

为了弄明白到底是怎么回事儿，人们各种捣鼓，各种研究，各种观察，最后找到了症结：原来是植物最新长出的侧根端部对重力很敏感。淀粉体浓度比细胞液的浓度稍微浓稠一点，因此微小的淀粉颗粒就会沉下去；它们压紧下面的细胞器，使细胞器沉在细胞底部。这也改变了植物激素的分布，从而影响了根部的生长方向。如果我们拿一个胚芽，把它倒个个儿，重新做实验，发现它的根部会分叉，然后又朝地下生长。在太空中，则不会发生根向下生长的现象。因为重力不够，淀粉体颗粒因失重而漂浮，不会挤压细胞器。所以植物的生长激素无序分布，根的生长就没有方向性。在地球上，就算我们把一棵树倒过来放，根也总是朝下生长的。这并不是植物的根知道朝哪里生长，而是因为重力使浓稠的淀粉颗粒沉积在底部，而根顺着它们的方向生长。

人是一棵倒着长的树，直到十八世纪、在科学去象征化之前，人们还这么说。这个观点很费解，因为当初这么说的理由已经湮灭了。人们想象了一个头朝下种在地上的人，并认为根是树的思之所在。拉伯雷讽刺这种说法，这就是他一贯的风格：他想象一个人的头发种在地里，脚伸在空中，他想象那人在不断挣扎，呐喊声震耳欲聋。

很长一段时间以来，人们似乎一直认为整个根系具有思考的能力。不得不说根系的确令人印象深刻，它形成了一个组织有序的网络，一个大而紧密的球状网格，结构一般是规律的，但也会根据当地的情况，比如石头、土质的松软和干旱程度有所改变。它看上去或许就像大脑周围的血管，有着漂亮的树状结构，但重要的是，整个根系似乎都在遵循一个思想，并根据这个想法自我组织和适应一切，以永远贯彻这一思想。唯一的、执着的思想就是系统地探索土壤中的气泡且不让根须相互干扰，每条根须都有一小块面积可以吸水。我们看到重力总是使其向下延伸，但是，是什么让根部如此和谐地展开，如此有条理，不受任何东西干扰并且占用所有空间？我们不知道。可能每个根尖都发出信号，其他根尖也接收到信号，就像一群椋鸟在没有任何一只作出决定的情况下在飞行中一起转向一样，根系以一种我们可以认为是自愿的方式，在根须不相互干扰的情况下探索土壤，这种方式是经过思考的，是的，思考。因为如果我们观察这个结构是如何运作的，它会呈现出思想的特征：对环境的感知、元素之间的相互交流和一致的集体行为。整个根系像具有一种群体智能，一种集体、高效但无自我意识的智慧；在向下生长、达成不同元素的协调一致以及灵活适应所有障碍的过程中，根系整体的活动是最佳的探索土地的方式。

树根可能是思想的一种形式，但它无论如何都不是一棵树的起源。我说，根是会把我们绊倒的东西。用在人身上的"根"的比喻就像是鞋子里的小石子，这一说法在象征意义上说得通，但在植物学意义上却是错误的。我们总是回到这一问题上，但很快我们就烦了，我们撇开这个问题，但又不由自主地回到这个问题上来。有人说，我们可以感受到我们是有根的，好像我们真的可以一样。人不是一棵树，原因显而易见，我们借用来比喻的"根"只是一个想象出来的意象，但这无疑是这个形象绝佳的特性：根是会让我们跌跤的，也是我们无法选择的东西，它总是横在路上，但它也因此开辟了新的路。根是已经存在的东西，困扰着我们也滋养着我们，并且它随着我们周遭的一切在不断发展；而最终，这成了思想。

　　"树啊，你从哪儿来？"

　　"从太阳中来，从大地中来。"

　　"那是从哪儿来？"

　　"就从那儿呀。"

　　"哪个那儿？"

　　"难道那儿有很多个？我在我自己的空间里，它随着我一起长大。我并不在乎自己身处何处，只要我有水、有空气、有阳光。"

更多的光！

二十岁那年，我陪父亲去瑞士寻根。和他的父亲当初走的路线相反，祖父从瑞士到法国定居，但他不善言辞，而且很早就去世了：我们对他一无所知。我们寻找我们的祖籍，把它锁定在瑞士高地的一个村子里。我和父亲决定开车前往，那是在七月。我当时正在看托马斯·品钦①的《V.》，因为我记得我读所有名著时的情景。在这本小说中，有人在寻找 V.，但不知道他是谁，只有一个名字，肯定是某个人的名字。我一边在文学中摸索，一边寻找我的道路。我和我父亲会有理有据地争

---

① 托马斯·品钦（Thomas Ruggles Pynchon，1937—　）：美国后现代主义文学代表作家，1960 年起开始着手创作他的第一部长篇小说《V.》，这部小说塑造了一个被称为"全病帮"的群体，这个群体的成员都是那些脱离了正统社会生存轨道的失败者、失意者，被那个崇尚成功和权力的社会视为病态，是精神病人或活死人。V. 是一个频繁变换称谓的女人，在不同的时空语境下有着多重身份。

论，但仅此而已，这是一个好兆头。我们在图恩（Thoune）停了下来，在酒店开了一间房。在上楼时，我看见了给我留下夸张印象的东西：室内植物。那些长着厚厚的、像打过蜡的叶子的植物，你得用湿海绵擦拭它们，因为它们会落尘，但即使擦干净了，它们还是一副蔫蔫的、无精打采的样子。它们一直都是这副消沉模样，让人看着也感到沮丧。

一束光自楼梯井上方照下来，透过天窗的磨砂玻璃后变得稀微而黯淡。为了不碍手碍脚而放在黑暗角落里的几盆植物攀援生长，它们夸张地横着伸过来，试图接近那微弱的光源并留在那里。树干变细了，光秃秃的，伸展着，直到绕楼梯井一圈，一些树干长到几米长，而一般来说它们甚至不会超出花盆的范围。每个树干的末梢都长着一小簇打了蜡似的绿叶，这种悲哀的瓶绿似乎遮住了它们周围的光线。这些植物是忧郁的、悲惨的，就像干瘪的遇难者——他们爬到锁着食物的橱柜门前，在试图用指甲抠开柜门的时候死去。但它们是活的。这一景象在我们逗留期间一直萦绕在我的脑海中。我不敢看它们。我以为自己听到它们在门后抠刮着，没完没了地嘟囔着歌德的临终遗言：*Mehr Licht*！（更多的光!）用德语说出来，带着卷舌音和齿擦音，像僵尸的抱怨。在紧闭的门后，我想象它们在动，在窥视，想要吞噬我。它们在绝望地寻找光明，我也是：通过语言，我把自己扭曲到痛苦的地步，以接近我希望在书中找到的字源，但它们高高在上，遥不可及。深夜里，我在读《V.》。

我们到了村子里。市政厅位于一栋因年代久远而变得黝黑的山间木屋的一楼，在那里，人们给我们看了一本用皮革装订起来的大大的户籍登记簿。其中一页用钢笔写着我的名字、我父亲的名字，还有已故的祖父的名字。看见这些名字清清楚楚地写在上面，我们都松了一口气。在下山朝湖边走的路上，我们的言谈之间多了几分温馨。

那些因为渴望光照而攀援而上的盆栽的形象一直萦绕在我的心头。在那里的第一个晚上，当我看到它们的第一眼，我就寻思，有一天，当我找到词语的源泉，当我足够靠近它的时候，就要把它们写下来。好了，我做到了。植物寻找光，或许我也一样。为了接近光、企及光，植物不惜一切代价，直到让自己虬曲变形，我也一样。

人类第一个要弄明白植物如何能够被光吸引并向光生长的研究是由达尔文的儿子完成的。是他的父亲建议他、要求他或命令他去做这方面的研究吗？我不知道。或许父亲没有对他提出任何要求，儿子就把这项研究做好了：儿子天生会为父亲寻找光。

下面就是他的发现：植物受到其枝干尖端或整个茎

尖产生的一种生长激素的刺激而生长，生长激素可以顺着植物导管向下流动，均匀地分布到植物的各个组织以便植物整体得到协调生长。但这种生长激素似乎畏光，通常会流动到背光面，如果植物在露天的环境中生长，太阳光不断变换角度，这样的流动完全不会改变植物的生长过程。但是，如果光线一直从同一个角度照进来，背光的一面就会接收到更多的荷尔蒙，就会长得更快，植物的枝干就会弯曲，并且保持这样的生长方向：它好像拐了个弯，朝着光倾斜、生长。就这么简单。

所有的反应都发生在顶端：如果我们把它摘除，植物就会失明，因为它的细胞中含有对光有反应的趋光素。这些趋光素能够对光作出反应并进行自我调整，同时还能改变位于植物阴面的激素的运输分布。植物顶部对光很敏感，植物也会随光作出反应并移动位置。如果我们把任何对光有反应的器官称作眼睛，那么我们可以说植物的顶端就是一只眼睛。每根枝条的末端都有一只眼睛，枝条会朝着这只眼睛看向的方位攀援，我在图恩一家酒店里看到的那些可怕的盆栽就是这样。

但如果光线是绿色的，植物就会逃走。它们会转过身去，移到一边，并加快长高的速度。植物色素吸收光线，根据波长改变其构型，从而改变颜色，改变基因的组合方式，它们还会跑到其他地方生长。如果光线呈现绿色，就意味着周围有绿色植物正在反射光线，也就是说正在生长的植物被其他植物包围了，所以它不得不逃走，以免被遮挡住阳光。

植物种在地里，但植物也会移动，甚至会逃跑。但在这个过程中，它的根不会离开土地，也不会跟着它移动。对于植物而言，运动和生长是混淆的：生长的同时也在移动。

这并不适用于动物的身体；但对于它们的精神而言，这并不陌生。这次瑞士之行后，即使回到我的起点，我也不再是在同一个地方。

"那么，对植物而言，什么是最重要的呢？"
"……光……光……"

微观奇迹

　　既然提到了光，那我们就来谈谈光合作用，并试着把它说清楚。我尝试用通俗易懂、直观的方式去解释，好比谈到整棵树时，会说起它的战栗、它的浓荫；谈到漂亮的母牛时，会说起它们在绿篱圈起来的牧场上吃草；谈到心有灵犀的意中人时，会说起我们的意乱情迷。但我们很难这样谈论光合作用，它太抽象，看不见摸不着，不仅因为它发生在过小而无法辨析的结构中，并且其中发生了什么也无法观测，那是一股股电子流，人们根本不知道它们长得像什么，或许它与我们所知的任何事物都不像，而且那是一种现象、一个过程，而不是一个物体。谈论光合作用，无异于科幻创作：讲述的是无法抵达之地中超乎想象之存在的故事，它们不是用直观的方式发生作用的，人们也很难对它产生兴趣。然而光合作用是地球上最重要的现象，是我们赖以生存的基础，它默默地发生，在每一片在阳光下摇曳的叶子里。

要知道，树风餐露宿。这种说法很有诗意，不过从分子角度来看，它放在树身上很合适，很准确，很形象。二氧化碳分子作为空气的成分之一，其质量仅为 7.31×10^{-23} 克而已。这几乎可以忽略不计，但又不能完全忽略不计。

空气中有许多二氧化碳，它们虽轻若无物，却是建造一切的"砖瓦"：覆盖叶片表面的蜡、包裹细胞的薄薄的半透膜、吸收阳光的色素、通过引起不适来防止被啃食的生物碱毒素、赋予木头强度的木质素、有待动物们拿走享用的果实中慢慢积累的糖分，这一切，都含有从空气中吸收的碳。树就是一座化工厂，它将无形的空气转化为看得见摸得着的物质。

当我从里昂出发沿着皮埃尔-贝尼特（Pierre-Bénite）的高速公路一路向南，会经过那些巨大的厂房，那些管道错综复杂的钢铁巨兽，被千万盏像梦幻城堡走道两旁的火炬一样排列整齐的霓虹灯照亮。白天看着锈迹斑斑、混乱不堪，夜里却如同从漆黑的夜空中坠落凡间的星云一样美丽。负责厂区安保的朋友告诉我，就算是在里面工作的人都不可能了解每个角落。那里是很久之前就规划好的，而建造它的人们已经离开，随后来到那里工作的人们仅仅了解他们工作所需要知道的区域。所以朋友曾试图找到各期的图纸，包括原始图纸以及其他改造、修正以及增建的部分。这些部分打乱了布局，将厂区变成一个充满陷阱、隐患和死胡同的迷宫。他努力去做的，就是记录并标记这些危险，以免有人因为不知情而身受其害。

这些交错缠绕的建筑沿着公路绵延数公里，既复杂又危险，那是一个化工厂。

树也十分复杂，也是一个生化结构，只是它不会爆炸。

树干分叉，这是生物体的构造方式：首先是主枝，然后是树杈、小树杈、树丫、树枝、枝丫和叶柄。但仅此而已吗？不。除了上面提到的这些，还有树叶。而且分叉还在继续，因为树叶是中空的。众所周知，树叶是扁平的，但当我们在显微镜下观察树叶时，会发现它是中空的，里面充满了细胞，这些细胞本身……且慢，树叶，是中空的吗？是的。树叶就像是表面涂蜡的密封袋，空气只有通过可调节的气孔才能进入其中，而气候条件决定了这些气孔的开合。被阳光晒热，密封袋般的叶片内部的水分蒸发逸出，空气则逆流而入。空气中含有约0.04％的二氧化碳，这是唯一重要的部分。这一珍贵的气体由微小的气流携带进入叶片，在"细胞迷宫"中游走，最终进入细胞，在那里发生反应。

细胞并不是一个盛满水的袋子，哪怕说是一个盛满盐水的袋子也不对：若真是这样的话，细胞就是无用的，也没有生命了。细胞的内部是拥挤的，充满了原纤维、细胞器、由镶嵌蛋白构成的细胞零件、折叠的生物膜，并且它们一直都处于活跃状态。细胞是一个软机器。在经过一些科学研究之后，我很高兴终于为这个用大大的字体写在我青春期听的唱片上的神秘的"软机器"① 找到了一个具体的形象。

光合作用在这些机器之中进行，它是一个拓扑奇迹：经由细胞膜的巧妙折叠，光能被转化为稳定的物质、糖、淀粉和木材。如果我们在显微镜下观察，可以在植物细胞内分辨出绿色的小颗粒，我们称之为叶绿体，命名时意思就是"绿色的小东西"。生物学可以给一切东西命名，哪怕是丝毫不了解的东西。我们需要其他工具来更仔细地观察它，如无须借助光的电子显微镜，以及我们的思维。只有思维可以把杂乱无章的元素重组成清晰的图像，让我们看到它。简而言之，要是我们能靠近叶绿体直至观察到它的分子（注意这里是条件式②），就能看到堆叠的囊③。囊的外膜是由分子构成的，两个头尾相接的脂类分子足以使膜变得够厚，我们这里谈论的是真正的微观世界。在那里，嵌在膜中的叶绿素大分子可以吸收光能。

---

① 此处的"软机器"也指英国爵士摇滚乐队"软机器乐队"（Soft Machine）。
② 条件式表明该动作实现的可能性不大或与现实情况相反。
③ 此处指的应是类囊体（thylakoïde）。

一切都准备好了吗？光！

在被光照到的叶子中，光子无处不在，它们被叶绿素的大分子吸收且提供了破坏水分子的能量。破坏？水杯打破了吗？是的，H_2O（水分子），每个人都知道它，H（氢原子）去了一边，O（氧原子）去了另一边。

H（氢原子）自身分成两个部分：质子 H^+ 和电子 e^-；电子结束运动后被 O（氧原子）吸收，O 变成了 O_2，即氧分子。电子在移动，速度很快，灵活得像条鳗鱼，从一个分子跳跃到另一个分子。每个捕获到电子的分子都会被改变，然后释放电子。在电子的作用下，质子得以通过细胞膜，如此一来，正电荷就会在封闭的膜囊中累积。膜囊内外电荷失衡，会激活一种酶促反应。酶促反应形成分子键，并将磷酸盐固定在腺苷的表层上。腺苷的作用是转移稍远一些的能量，用以完成其他各项任务。这就是化学能，它与化学键息息相关：化学键的形成需要吸收化学能，而化学键的断裂会释放出化学能。因此，分子键的形成其实是一种储能过程，当被改变的分子进行移动时，能量就得到了传递。

这样就大功告成了，整个过程就像变戏法一样：来自某颗遥远恒星的发光能量粒被捕获，像玩猜牌赌博游戏一般在迷宫里转悠，一会儿在这儿，一会儿在那儿，一会儿在里面，一会儿在外面。嗖！什么都没看见，而那看不见摸不着的能量现在变成一个分子了！

我们可能会把接下来要发生的事想象成一个焊接车间，但这就大错特错了，实际上只像是一个个没有画面感的方程式。就像我们之前看到的，二氧化碳分子从外部进入，逐一被腺苷所携带的能量固定：腺苷每失去一个磷酸根，就可以固定一个碳原子，可以想象这一过程伴随着一把焊枪发出短促的爆裂声和四散的火花，也许这样更易于理解。糖就这样一点点地合成了，写出来是$C_6H_{12}O_6$，每个碳都来自空气。生成了糖吗？正是。就像放到咖啡里的方糖一样？一模一样。

著名教授杜马[①]和布森高[②]在1844年曾说过："植物不过是浓缩的空气。"这有点夸张，但并非言过其实。沐浴在阳光中的树叶内部，如此奇妙的工业奇迹每时每刻都在发生，无声无息，无烟无尘：光能被转化成化学能，光转化成了摸得着、有分量的物质，地球上无处不在的光能就这样使一棵棵树木成长。一方面，光子本身没有质量[③]，光既是波又是粒子[④]，一种极速运动着的能量

---

① 让-巴蒂斯特·杜马（Jean-Baptiste Dumas，1800—1884）：法国化学家、药剂师。巴黎大学教授。
② 让-巴蒂斯塔·布森高（Jean-Baptiste Boussingault，1801—1887）：法国化学家、植物学家、农学家，对农业科学、石油科学与冶金学都有贡献。曾提出豆科植物具有同化大气氮气的能力。
③ 光子静止质量为零。
④ 光具有波粒二象性（是指某物质同时具备波的特质及粒子的特质）：也就是说从微观来看，由光子组成，具有粒子性；从宏观来看又表现出波动性。

子，经过电子与质子间灵活的循环流通，速度快得令人头晕目眩，最后形成树干、树枝、森林、松果、根须、枫糖浆……

这种现象可以用一个简单的化学方程式来概括：方程式的一边是碳元素的来源——二氧化碳（CO_2），以及电子和质子的来源——水（H_2O）；另一边是植物无法处理的、散播到大气中的氧气（O_2）以及葡萄糖（$C_6H_{12}O_6$）。这是在光的作用下发生的，但如果我们只是简单地满足于把二氧化碳和水一起放在太阳下晒一天，最后只能得到温热的"巴黎水"①。这种神奇的转化得益于一个巧妙的"迷宫"，它捕获了光，使电子和质子分别朝两个方向流通，最后巧妙地安排一些管道、气孔和陷阱，回收所有能量用于构造实体。这种无休无止的能量转换考究且精妙，地球上的生命都依赖于它。快快快！在充足的光照下，电子朝这边，质子朝那边，快快快！然后糖造出来了，吃了它，储存它，拿它做什么都行。哦，太棒了！转化完成了，光成了物质，光成了生命。

"那么，生命就产生了？"

"太厉害了。"

---

① 巴黎水（Perrier）：法国的矿泉水品牌，产于法国的天然有气矿泉水。

这种奇妙的现象以细胞为单位，是地球上所有生命的起源：单单一个细胞就能实现，从而得以独立生存。就好像幸运的微藻，它们毫不费力地漂浮在索恩河①里，在炎炎夏日为其增添一抹美丽的绿色，使河水像是稀释了的菠菜汤一样。从埃皮纳勒②到特莱武③沿岸聚集了无数的牛群，索恩河在它们呆滞而平静的目光下缓缓流淌。

那么，既然一个细胞就能存活，为什么还要进化成树木呢？这是一种生长的方式。与其让细胞漫无目的地漂浮，树木进化出全新的能力，将光合细胞聚集到一个扁平透明的囊体中，在阳光的照射下尽可能地使细胞上升到足够高的位置。同时，这种全新的能力也服务于植物机能的正常运作，包括释放氧气、转化和储存糖分、吸取水分并输送给每片树叶、保证二氧化碳的供应量。树木是一台巨大的机器，其中的零部件不仅包括嫩叶内部的反应器，还有导管、筛管、水泵和储藏室。就像我每次经过皮埃尔-贝尼特高速公路（l'autoroute de Pierre-Bénite）时都会仔细端详的精炼厂，其复杂结构令人赞叹，令人讶异，人们竟然能造出这样的工厂，而且这工厂还在正常运作。

---

① 索恩河（Saône）：法国东部的一条河流，是罗纳河的一条支流，在里昂与罗纳河汇流。
② 埃皮纳勒（Épinal）：法国东北部城市，洛林大区孚日省省会。
③ 特莱武（Trévoux）：法国东部安省的一个市镇。

树木完善了藻类的进化能力，静悄悄地，它们在生长。

"不会太复杂吧？"
"我们做……"

钟罩下的面对面

在我的窗前，一棵栗树随风悠然摇曳，它那柔韧的叶片如蝇拂般在我脑袋周围轻轻摆动，让我感到舒适、凉快、清爽。这棵树让我看着就开心，它让我的窗台、屋里屋外都生机盎然。只要可以，我都会把窗打开，听它的沙沙声，感受它，呼吸它。这一点我是从书本和学校里学到的，因为它是无形的：尽管它的存在不是为了我，却让我满心欢喜。在我的窗前，它释放出我吸入的氧气，吸收我呼出的二氧化碳，并生成让我感到清凉的水汽；夏日，微风送爽，栗树仿佛在用它的枝丫向我示好，它知道，我若没了它便会窒息，它慷慨地赋予了我生命之气。与它为邻让我幸福，有了它，地球上的生活变得更舒适、更安然。

1771 年，普里斯特利①"发掘"出了氧气，就如同

---

① 普里斯特利（J. Joseph Priestley，1733—1804）：发现氧气的伟大英国化学家，他还发现了二氧化氮、二氧化硫等气体。

人们说的发掘遗物或是遗迹，找到某些一直藏在我们脚下、最终被挖掘出来的东西一样：哇哦！神了！一个在玻璃罩下的蜡烛，几分钟后就熄灭了；一只小鼠，在相同的密封环境下，几分钟后也死了。但在密封容器里放入一株薄荷，一切又将恢复正常。他把这两者关在一起，长达两周之久，他观察着薄荷和小鼠一起在玻璃罩下的生活。薄荷安静地生长，小鼠虽然有些无聊，但没有其他不适。两个生命相依为命，耗氧者和制氧者在这一方小天地里面对面而居，在这桌上放置的生物圈里交换着珍贵的气体，氧气和二氧化碳，可谓是"彼之蜜糖，汝之砒霜"。地球上的一切都运转得那么好，一切都设计得那么巧妙，可以说就像是大钟表匠的作品一般。普里斯特利先生心里或许会这么想，新兴的科学每天面对的都是那些平凡中蕴含的奇迹。

依树而栖就是这样：与之共存，浸润其间，生息其中；人类不能没有树：我们将它们排出的氧气深深吸入胸腔；把我们呼出的二氧化碳交由它们处理，知道它们会将其转化为亭亭玉立的木梁和枝叶；我们深知如果没有它们，这个星球将只是一片砂石荒原，渺无人烟，仅剩一无所求的神秘细菌存在于充满硫黄的地下沸水里。

我们的世界并不是这样的，我们所处的环境不是由岩石和从地底深处涌出的沸水构成的；我们呼吸的空气是其他生命的气息，而它们的生长所需也源于我们的一

53

呼一吸。我们的现实环境是由其他生命构筑而成的，是树创造了我们称之为世界的材料。我们只能靠他者的存在而活；他者的存在即我所处的环境，它接纳我，我反哺它。

我们绝对不能没有植物：呼吸的氧气来源于植物，我们直接或者间接以植物为食。在残酷动物世界的主宰下，作为动物的人必须依靠吃东西才能存活。我们没有别的出路：我们需要吃东西，植物、动物甚至我们的同类，不管什么，只要是有机物。对于我们和所有动物而言，生由死而来，我们的生是以他者的死为代价的，我们以它为食。而植物却不是这样，它们的生命不用靠任何有机物，而是靠无机物，靠清水和空气就可以存活。

如果我们是真正的反物种主义者①，把这个有些荒谬的道德准则延展到一切生命体上，那么生命就会建立在普遍的物种相残相食的基础上。因此，为了不被饥饿或负罪感压垮，我们作出了明智的选择，自发地将植物排除在生命体之外，只把人们能感知其移动节奏的动物看作生命。我们有尊重动物的意识，但对植物却表现出一种残酷的冷漠。生命在自我循环，所有生物都在互相吞食。只有互相吞食，生命才能周而复始，因为只有依

---

① 反物种主义者：将种族主义、性别主义（也译作性别歧视主义）概念嫁接到物种上，认为众生平等，强烈反对人类因位于食物链顶端而食用动物的做法。

靠自己才能生存在自己创造的环境中，只有植物才能摆脱这个恶性循环，原因在于它们不吃任何东西。对它们来说，水、阳光和空气就足够了，再加上一点无机盐，它们就可以在矿物星球上和平安静地生活下去，不需要借任何暴力行为来创造世界。人类生存完全依赖植物，但植物可以没有人类。

无尽的呢喃

对我父母而言，度假就是露营，他们随便找一个地方搭好帐篷，然后我们就在那里待上几星期。小时候我觉得这无可厚非，我造了一些笨拙的弓，可以把一些非常笨重的箭射得很远，我在激流上安装了木头磨坊，以便我们取水之用，我阅读詹姆斯·奥利弗·柯尔伍德①的书，感觉读懂了一些东西，因为我们也在树林里，用大石头垒起灶台，用树枝烧火做饭。有一年，营地安在一片白杨树林里，树林的拥有者是父母的一位朋友，那里敞亮通透，笔直的树干上枝叶随风摇摆。

"植物种在空气中就跟它们种在地里相差无几"，夏

---

① 詹姆斯·奥利弗·柯尔伍德（James Oliver Curwood，1878—1927）：美国编剧和制片人。

尔·邦纳①在1754年这样写道，当时人们谈论科学就是用这种耐人寻味的方式。树木完全浸润在空气中，树叶沙沙作响，发出绵绵不绝的声音，仿佛一直在耳畔，永远都不会被遗忘。那年夏天，白杨树柔软的叶子用它们无休无止的"掌声"陪伴我们的日日夜夜，仿佛给了我们一个有声的屋顶、有声的墙，就像环绕在我们帐篷周围的一个有声穹顶。帐篷的布在微微颤抖，但我们在另一个友好的穹顶的庇护下，在荒郊野外守护我们周全。因为置身其间听得太多，我们渐渐意识不到这种声音的存在，之后突然又意识到了，于是想：声音好大！不过它是让人安定的，就像摇篮曲。森林守护着我们，守护我们白天的休憩和夜晚的睡眠，而它自己始终不眠不休。

树木，这些不言不语的巨人还会发出其他更加不易被觉察的声响。根在颤动，导管在噼啪作响，在巨大的树的内部，一切都在生长，在流动，虽然没有跳动的心脏，但液体不断地从这里流向那里或从那里流向这里。

因为树有两种汁液。一种可以被称作"粗汁"，另一种为"精汁"；一种是我们前面说过的从土壤里吸上来的矿物质水，从细细的管道中上升并在树叶中蒸腾，另一

---

① 夏尔·邦纳（Charles Bonnet，1720—1792）：瑞士博物学家和哲学家，他对植物学和哲学的贡献在英法同时代的科学界受到高度重视和推崇。

种是稀稀的糖浆，一种没有气泡的苏打水，慢慢从树叶向下流到排列的活细胞的导管里，小心翼翼地将光合作用产生的分子输送到树的其他部分，一点也不流失。如果我们伤到了某根导管，它就会突然关闭，糖和氨基酸组成的植物宝藏就无法被偷走一滴一毫，它之于树就像我们身上流淌的血液一样珍贵。只有蚜虫可以做到神不知鬼不觉，因为它们有一个喙，长达两毫米，可以刺入细胞吸里面的汁液。不管植物大小，它们的导管都分布在表面，只要懂得如何在不引起反应的情况下刺破"桶壁"就可以任意取用，蚜虫的口器成了吸管，它们吸食得太多，以至于汁液从肛门溢出，形成一种甜糖浆，是蚂蚁和蜜蜂趋之若鹜的美食。这种甜糖浆会风干结晶，附着在树叶上，弄脏树枝和下面的一切。身上流淌着"糖浆河"的大树是一种神奇的资源，只有蚜虫拥有超能力可以从源头取用，因此蚂蚁会像人类牧羊一样饲养成群的蚜虫为自己所用。

那么树能做什么来保护自己呢？什么也没有，它无能为力。但蚜虫的穿刺会活化基因，能改变树的新陈代谢，生化车间的装配悄无声息地被激活了，第一批挥发性分子很快被释放到表面，正在狂饮暴食的蚜虫毫无觉察；分子四散开来，在风中飘浮，就像没有方向舵的小气球飘离了大树，最终遇到嗅觉非常敏感的捕食蚜虫的黄蜂。这是一个信号，说明那里有大量的蚜虫，成千上万束手就擒的小昆虫，一肚子的糖水，就像一头头"小肥猪"，可以作为黄蜂的后代的绝佳食物。一只只黄蜂朝大树飞去，朝美食的气味飘来的方向飞去，蚜虫们就在那里，一群忙着"用吸管喝汽水"的肥嘟嘟的小虫子，"大屠杀"开始了。树不动声色地叫来了长翅膀长钳子的朋友，帮它清理了蚜虫。

"但是，我可怜的树，面对世界的残酷，面对那么多的草食性动物和植食性动物，你该怎么办呢？"

"哦……总有办法的……"

生、死、土壤

我沿着一条 *sacbé*① 穿越了连绵不断的玛雅森林，那是一条留存至今的一千年前修的白色石灰岩的道路，可以让人在潮湿的遍布灌木丛的尤卡坦半岛②畅行无阻且不会湿脚。这种石灰岩在月光下闪闪发光，人们甚至可以在暗夜里穿越树林，一个墨西哥朋友这样告诉我。他是我的向导，看上去仿佛能读懂已经失传的象形文字，知晓征服（Conquista③）引起的大灾难后被遗忘的秘密。在道路的两边，是错综复杂的原始森林，一旦误入就再也走不出来。这里是热带气候，但离海洋不远，完全没有像刚果盆地里如摩天大厦般的参天大树。因为盆地聚

---

① *sacbé*（或复数 *sacbeob*）来自玛雅语 *sac*（白色）和 *bé*（路）。
② 尤卡坦半岛（Yucatán）：位于墨西哥湾和加勒比海之间的半岛，这一地区有众多玛雅文化的遗迹。
③ Conquista 来自西班牙语，意为征服或占领，指历史上欧洲人（西班牙）对拉丁美洲的征服。

水避风，而在这里，只要飓风一过，所有长得高的东西都会被一扫而空，因此森林里的树木矮小，不超过三米，而且盘根错节、互相缠绕。土壤充满了石子和泥泞，很贫瘠，可怕的蝙蝠从阴暗的水坑里探出头来，用它们大大的黄眼睛盯着我们。森林茂盛，而土壤贫瘠。地表是石灰岩质的，渗水性好，在整个尤卡坦半岛没有一条河流，雨水渗透到地下就再也看不见了，它们流入人类和植物都无法到达的岩石深处；在其他地方，在非洲或巴西的其他热带森林下面，是一种被雨水冲刷过的红土，可供丛林生长，土壤贫瘠，富含矿物质，很容易硬化。大多数热带地区的土壤都很相似，贫瘠而枯竭，但它们孕育了地球上最茂密、生物多样性最丰富的森林。

　　这是怎么做到的呢？因为死亡。在热带森林里，万物速死速生。在我没弄湿脚就穿过的尤卡坦森林里，玛雅古路两旁都落满了枯枝败叶，这片土地上无疑遍布着一种忙着将它们吞噬的无形的生命，一些枯树还屹立不倒，靠在活的树木身上，在这些地方，死树会在很长一段时间里待在活树中间，腐烂败坏，最后才零落成泥。在我出生的温带地区，一切更加缓慢；时间是以漫长的冬天为标志的，树枝掉落，慢慢腐烂，变成厚厚的土壤，活树就深深扎根在这样的土壤里；而在炎热的热带地区，循环轮回很快，无休无止，树木立在潮湿的空气中死去，它们给活树提供滋养，甚至在它们倒地之前。

"那么，生，何所谓生？"

"死，和正常的死也没什么两样。"

在一个从死到死的循环中，生只是其中的一个瞬间，但这没什么大不了的，就这样循环往复，永不中断，生总是在死中复生。

好吧，人们惊叹于在一片如此贫瘠的土壤上竟然能长出这么繁盛的植被，那要土壤有什么用呢？完全可以无土培育。只要去到荷兰，推开巴达维亚王国无数温室的任意一扇门，在那里，你会看到一个奇特的、噩梦般的景象，西红柿从一根根缆管里张牙舞爪地长出来。植物不接触任何土壤，就像达·芬奇（Leonardo da Vinci）的《维特鲁威人》（*Homme de Vitruve*），手脚张开，被一个和圆圈叠加的正方形固定在空中。枝叶兀自在空中伸展，因为它们充满了水，茎不过就是些水管，根系悬在空中，乱蓬蓬的，一部分根埋在一块玻璃棉里。在那里，矿物质水一滴滴地滋润着它。这就足够了，植物不需要其他任何东西：水中的矿物质，让它们保持直立的支撑，这里靠的是缆管，还有光线，从玻璃大棚外照进来，如果需要还可以用灯实现光照。可以在温室、地窖或空间站种植物。所以土壤……

更自然一点的，是一些众所周知的附生植物，它们生活在空气里，悬挂在树枝上，可以把它们放在篮子里挂在家里的天花板上种植。那么它们是靠什么存活的呢？植物，尽管名字里面有种植的意思，却不是靠土壤获取养分的，而是靠一些看不见摸不着的东西：它捕获的光、吸收的二氧化碳、汲取的水。如果用吃这个词来描述，我们会问它靠吃什么固体食物才能长得枝繁叶茂，就像我们人类，吃小麦、吃肉，以及所有有分量、能让我们四肢发达的食物，而对植物来说，符合它们的食物标准的却是最虚无缥缈、最轻盈、最不可见东西：一种气体。植物的一切都来自飘浮在它周围的二氧化碳。这看不出来，不过化学反应却是实实在在的：气体也是一种物质，完全可以转化为固体。树并不"吃"土壤，甚至恰恰相反，它滋养土壤。让我们深入到腐殖土，看看到底是怎么一回事儿。

我们脚下的世界

　　地下，是大都市，巨大的一层层的城市，充满了无声无息的运动。我说的是弗里茨·朗①的电影，它描绘了未来城市令人印象深刻的画面：摩天大厦、机械、飞行器、空中通道和地下大厅密密麻麻，所有空间都被占用了，充满了紧张的活动，到处都是全神贯注于工作的人；让我印象深刻的不仅仅是这个画面，还因为城市和土地一样，是一种建造。

　　土（terre），我们所说的土是小写字母"t"开头的，这是一种潮湿、易粉碎的物质，根据所在地区不同，颜色从深黑色到浅赭色甚至红色不等。树木扎根其间，那是生物从构成地球地壳的岩石中建造出来的。作为行星

———————

① 弗里茨·朗（Fritz Lang，1890—1976）：出生在维也纳的德国编剧、导演。《大都会》是他1927年导演的电影，影片讲述了在2000年，人类被分为两个阶层，生活在两个截然不同的世界。大都会统治者的儿子爱上了地下城的工人之女，于是巨变开始了。

的地球（Terre）是大写字母"T"开头的，给整个行星和地表层取同样的名字挺有趣也蛮意味深长的。可以把手指伸进去的那层土壤，并不是到处都有，只是地球很小的一部分，无疑只是它的十亿分之一，但它或许是地球上最重要的东西：一点土壤，抓在手上黏糊糊、湿漉漉，散发着泥土芬芳的腐殖土，根深深地扎在厚厚的沃土里。

因此，土，或者说土壤学家所谓的"土壤"，是一座由破碎的岩石和大的有机分子组成的复杂建筑，由无数细菌、蚯蚓、鲜为人知的节肢动物和丝状真菌共同建造，日复一日，活脱脱一个丰富多样到令人眩晕的地下世界。里面的生物生活在不同的层级，彼此迥异且相互看不见，大多数生物都不知道其他生物在哪里、究竟是什么。岩石自然会分解成沙子、黏土，在水和生物产生的酸性物质的作用下化为矿物质，从地质时间尺度来看，岩石并非那么坚不可摧。树枝、树叶和残骸被细菌和真菌吞噬并分解，剩下的有机分子与沙子和黏土混合，形成褐色的糊状物，被有"地虫"之称的蚯蚓搅拌和翻动，形成了一个三维建筑，有间隙、孔洞和地道，空气和水在其间循环，忙着分解各种物质的微生物汇集于此，而植物的根系也可以在这里蔓延伸展。土壤整体就像是一块满是各种生命的海绵，一个可溶性矿物质的储备区，一个水和营养的源泉，生物从中汲取也为之贡献。所有抑制其活动的做法对所有生物而言都是一场灾难，如夯实土壤、雨水冲刷、大量使用杀虫剂破坏生态平衡、中断有机质的供应等等。总的来说，当代大多数耕种方式都不利于土壤保持活性，对土壤的构成也有破坏，像使用大型机器、喷有毒的杀虫剂、实行单一种植、采摘一切、任由土地裸露，所有这些都破坏了土壤，使其无法正常发挥功能，出现沙化现象，必须不断地灌溉和施肥，而在正常情况下，土壤可以自己获得水分和养料。人们以为土壤是天然形成的，其实并不是，是生物的活性造就了它，而它也让生物变得更有活力；就像所有的建筑物一样，它也会被摧毁，那么我们就将回到地球生命之前的状况，回到寒武纪的地球，那里只有岩石、黏土和沙子，任何生命都无法存活。

地球是一颗岩石行星，是由无数裸露的岩石构成的，就像火星或金星，但它受到生物的巨大影响：土壤、氧气、有地球"保护伞"之称的臭氧、规律的降雨和通畅的水流、石灰岩的形成和有利于生命孕育生长的温和气候，所有这些都来自生物的活动，其中99％的生物无疑是植物。人类世，即人类活动对地球产生巨大影响的时期，只是一个漫长的"生物纪"的尾声，按照我们用来确定地质年代的标准，"生物纪"长达二十亿年，在这期间，生物群落造就了人类出现和存续的环境。地球，大写字母开头的地球，不是一个用中立的态度迎接生命的环境；我们所熟知的地球是生物为自己创造的一个舒适的栖居地，为了得到庇护和延续生命。对于小写字母开头的土地而言，地表土壤的形成也一样：也需要漫长的时间。

黑格子

　　安斯谷（La vallée de l'Ance）就像一个巨大的吊床，吊在福雷的崇山峻岭（les monts du Forez）之间。雨后，从高高的坡顶往下走，穿过死人十字架山口（le col de la Croix de l'Homme Mort），你就可以领略它的全长，井井有条，绿意盎然，俨然一幅中世纪的微型画。在那里，我们依旧可以看到奶牛在树篱圈起来的草地上吃草，白色的奶牛在翠绿的草地上，周围是黑黢黢的森林。地势起伏平缓，有冷杉，这是奥弗涅山区（l'Auvergne）。山谷最高处超过一千米，覆盖着森林，先是山毛榉和冷杉混杂，然后就只有冷杉。在山毛榉自然生长的山谷中，还有其他墨绿色的冷杉树丛，它们在黑色的背景下拔地而起，轮廓清晰，形状分明，与翠绿色的草地交相辉映，就像棋盘上明暗两色的格子。这里还有孤零零的农场、小村庄、几个集镇，所有这一切都是农村人口曾经密集的痕迹，如今已然变得稀疏。在圣罗曼（Saint-Romain），死难者纪念碑的四面都写满了名字，每个村庄死难者的名字都比如今散居在山谷两侧的居民人数多。世界大战的战火曾在这里蔓延，之后是农村人口大量外流和出生率锐减，很多人曾经在这里居住，如今却已寥寥无几。草地上还有奶牛，但比过去少多了，公牛完全不见了踪影，马也几乎没有了，还能看到黑麦，但似乎也比一个世纪前少了，整个安斯山谷都被草地和田野覆盖了，它们都还在，但对生活在这里的稀疏的人口而言委实太多了。地太多，耕种起来难度太大，收益又太少，因此人类苦心经营维护了上千年的土地，如今还给了森林。在边缘清晰的地块上，土地的继承人不知道该怎么办，于是他们在奶牛吃草的地方种植冷杉，二十五年后，他们把树砍了卖木材，几卡车树干通直的软木将制成纸张或廉价的家具。景观变了，精耕细作的农业拉开了序幕，而农业的萧条意味着它的落幕，它慢慢改变了颜色，变得越来越黯淡。

　　这个地区原本就有冷杉，但品种不同。在高山上，天然冷杉林由高大的树木、花草、灌木、嫩枝组成，有各种颜色和香味；而在人们居住的山谷里，人工种植的一片片冷杉林大小都一样，排列整齐，穿着同样的黑色制服。林子里幽暗，地面很荒凉，除了一些荆棘，什么都无法生长，到处是枯枝败叶。人们几乎无法入内，树干上逸出的枯枝交织成一道道难以突破的"铁丝网"，走几步就会被刮伤，只好放弃不再向前。而在天然森林里有的是空地，所有年龄的所有物种都生活其间，不论动物还是植物，枯枝掉落分解成腐殖质，它们不会妨碍任何人。而黑色的树林，由于种植得太密，而且是同时种的，阻止任何入侵，它们的树干上长满了尖锐的枝枝杈杈，就像无数的拒马①，不欢迎任何东西的闯入。

在这些人工种植的新森林下，生命是有限的，土壤被破坏，当人们砍伐树木的时候，什么都不会剩下；这片土地曾经非常富饶，几个世纪来受到又黑又光滑的牛羊粪便的滋养，散发出发酵的气味，长满绿油油的青草，足以让肥嘟嘟的奶牛吃饱，这是农牧业创造的充满活力、可持续发展的宝藏，将让位给混合着还没有完全腐化的针叶的沙砾、充满了树脂气味的除草剂分子，人们不太清楚该拿这样的土地怎么办。在牧场上种植冷杉，就像是一时发疯烧毁了祖祖辈辈留下的整个遗产：两眼放光，现金到手，但之后就什么都没有了。土壤是活的；它也会硬化僵死。人们离开后有什么东西也丢失了，圣罗曼广场上的纪念碑，四面都写满了战死的年轻人的名字，敲响了警钟，回声在山谷里飘荡，狂风让这片风景中的黑格子变得越来越多，而从前，这里的景色更明亮、更生动、更多姿多彩。

---

① 拒马是一种木质的可以移动的筑城障碍物，因古代用其防御骑兵而得名，现如今多用以阻塞道路、街巷、障碍物中的通路和加强其他障碍物。

我们家园的毁灭

    我经常穿过朗德森林（la forêt des Landes），就为了去海滩。在这片经济林里，人们每二十五年砍伐一次木材。种植这片树林就是为了这个目的，故意种在泥泞、沙质和荒凉的裸露地表；可以说是种在荒野上。牧羊人踩着高跷，为了不陷在沼泽地里，也为了可以看得很远，以免在这些草木稀疏、雾气缭绕、无边无际的地方丢了羊。拿破仑三世支持这个改造项目；他来了，看了，让人种树。牧羊人消失了，半个世纪后，欧洲最大的人造林在这里生长。人们收割富含酯和萜烯的树脂，并定期将树齐根伐倒，用来造纸或做木材。当人们开车从穿过森林的笔直的道路上行驶时，经常会看到砍伐后的地块，那是一幅满目疮痍的画面。荒野贫瘠的土壤裸露着，灰色的，被犁得沟沟坎坎，遍地是断枝和脱落的树皮。[这是大西洋蔚蓝的天空下的"凡尔登战场"，而邻近的地块，像被开了膛剖了肚一样，露出树下的灌木丛，看着

"邻居"惨遭蹂躏。] 面对这样的景象，我能深深体会到伊泰菲克斯（Idéfix）① 的感受，这只高卢小狗看到一棵橡树被无法控制自身力量的主人撞倒时，它会拼命吠叫。更何况这还只是一片人造林，一片在既定的区域里注定要被砍伐收割的森林。在其他大陆上，我见过森林被砍伐一空的景象，为了垦荒、为了造纸、为了种经济作物，针叶林被夷为平地、忧郁的猩猩不知道何去何从，大片的红土地上全是被尘土飞扬的推土机推成一堆堆的树木尸体，每次房子裂开、墙壁倒塌时，我都会感到焦虑不安，我认为这就是如今人们喜欢拍摄的科幻电影中世界末日发生后的场景，就在地平线后面。树木一声不吭地倒下，但我不确定如果能听到它们尖叫，事情是否会有所改变，因为电锯的尖叫声会掩盖它们的呼喊，操作电锯的伐木工人戴着带降噪耳罩的安全头盔。人们正在拆毁共同居住的家园，木头柱子被一根根推倒，直到屋顶坍塌，房屋已经摇摇欲坠。

"你如何看待生命？"

"它正在消失。"

---

① 伊泰菲克斯是法国知名系列漫画《阿斯特里克斯和奥贝利克斯》中拥有无穷力量的奥贝利克斯的小狗。

随遇而安

    索科特拉岛①上生长着龙血树。我从未见过它们，也从未去过索科特拉岛，我以为从来没有人去过那里。直到有一天，在一场圆桌会议上，有人向游记作家们提问，问他们见过最令人惊奇的地方是哪里，西尔万·泰松②讲述了这座岛上的情形。他到处去别人不曾去过的地方，也总是能讲出发生在世界尽头的故事。他花了两天时间攀登索科特拉岛上的一处岩壁，在此之前大概从来没有人想过要爬上它，印度洋上炎热的夜里，他悬吊在半空中入睡，登顶后，没什么特别的，只有完成前人未曾完成过的壮举后的喜悦，就是这样。在高处，像炉

---

① 索科特拉岛（île de Socotra）：位于印度洋西部、非洲之角以东，属也门索科特拉省，2008 年被联合国教科文组织列入世界遗产名录。

② 西尔万·泰松（Sylvain Tesson，1972—　）：法国作家，同时也是记者、地理学者、旅行和探险爱好者，著有《在西伯利亚森林中》《别列津纳河》《在幽暗的小径上》等。

灶的铁皮般亮白的天空下生长着龙血树，它们生活在极端酷热的环境里，每时每刻都处在干旱之中。为了生存，它们拥有比其他任何树种都更浓密的枝叶，为自己制造出一片阴凉，遮住树干和根系延伸的地域，这是一棵树能产生的最浓的树荫：它们保护着自身和一小块它们赖以生存的土地，让这片土地不会那么热、那么干、那么硬，让它成为它们在这座地狱般的岛上拥有一线生机的地方。它们为自己创造出适宜生存的环境，同咬着自己的尾巴直至消失的衔尾蛇形象相反，它们更像是一条用灵巧的舌头不懈编织自己尾巴的蛇，直至成形，并且存活。

"生活是什么样的，龙血树？"
"小心翼翼的。"

这座岛屿是冈瓦纳（Gondwana）大陆的一块因构造板块的游移而迷失在印度洋上的碎片。在这座奇特的岛上，我们能见到黄瓜树，这种灌木状的葫芦科物种拥有巨大而肥硕的树干，同时长有细小、坚硬且生有绒毛的叶子。酷热难耐，水分稀缺，每个物种都摸索着在资源匮乏条件下的生存之道。细小、坚硬且生有绒毛的叶子能够抑制蒸腾，因为水无法穿透蜡质的表皮，朝向外界的气孔生有绒毛后也能减少空气的流动，从而减缓水分的蒸发；海绵质的木茎则能在有水时储存水分，在缺水时缓慢提供水分。一切都很好，所有的可能性都得以探索，生命是找到应对和解决之道，一个生命体就是面对外界向它提出的所有问题给出的全部解答的杰出展示。看到每一个物种如何摆脱困境，看到植物在面对充满敌意的恶劣自然环境时在形态上呈现出的想象力，看到它们如何为随遇而安构想出适宜的解决方案，如何改变着周围的世界使之变得适宜生存，这确实令人着迷。

我并不准备前往索科特拉岛，但有时我会梦见自己面对着太阳下生长在土地上的龙血树；我自问道，若我将手伸进它们在照片上看起来清晰而昏暗的阴影中，是否会感受到一丝凉意。我忘记问西尔万·泰松，我不知道他是否这样做过，不知道他是否靠近龙血树，甚至不知道他是否见过它们，我觉得相较于树，他更关心的是岩壁，更关心的是他能亲身参与的那些奇迹。我关心的则是树如何思考生命，我不知道该问谁，于是我就这样看着它，或远或近，我试图解读它们的呢喃、它们的形态，它们向我传递的信息所唤起的回忆，而这也是它们对我孜孜以求的问题的回答。树并非没有可能同我们的梦境对话，从我们与树一同生活以来便是如此。

矮小的巨杉

　　我以前生活的小城里有两棵巨杉拔地而起，一棵在高中校园里，另一棵在我住的小区的三栋楼房之间。后面这棵我每天都能看见它，我们围着它嬉戏，在树上爬上爬下，我们用它的枝条、小而坚硬的果实以及泛红的、纤维质感的树皮玩各种游戏。小区新建成，过去曾是一片公墓，也许人们曾以为巨杉同柏树最为相似，可以以假乱真取代真正的柏树，以适应过于潮湿的气候。我高中的校址曾是一座城堡，巨杉当初种在花园里应该是为了让访客眼前一亮，众所周知，巨杉高大挺拔，生长迅速。

　　当小区里的巨杉被砍倒时，所有孩子都聚起来围观它倒下的时刻，这是大场面、大事件，我们既难过又兴奋。链锯在小马达的全力驱动下发出尖锐的轰鸣声，红色的锯末在空中飞扬，混合着黑色的浓烟形成厚厚的云雾，高大的树木迟钝地缓缓晃动，所有孩子都屏息以待，张大嘴呆呆地看着大树倒下，它发出猛烈的折断声，令人心碎的折断声，它撞到地上，我们感到震动从脚底下传来。一时间所有人都呆立不动，鸦雀无声，之后，孩子们像椋鸟受惊般发出一阵尖叫，向四面八方跑去，张着嘴发出激动的呼喊，向空中挥舞着手臂，围绕着大树躺倒的遗体叽叽喳喳地转着圈。这是我们的大树，我们的标志，我们的游乐场，而它被砍倒了。我们用孩童的脚步丈量着它，因为这是一棵巨杉，而巨杉是高大的，我们想要证实这一点，但这棵巨杉勉强只有三十步高，其实只能算是一棵矮小的树。

多年后，那里留下了一个树墩，我们爬上它，好像变身为基座上的雕像，仿佛能取代原本树的位置。我们的游乐场、我们的楼房、我们日常生活的风景好像缺少了什么，那是我们每天生活和玩乐的地方。我们被树抚养长大，但它却离我们而去。这棵巨杉并没有那么高大，那些孤零零地种在欧洲公园里的巨杉都不太高大。它们生长迅速，然后到达极限。它们很孤单，这里并不适合它们。

一棵孤单的树是绝望的树：尽管相较于生活在同类之间，孤零零的它可以长得更高大挺拔。我们常常在牧场上看到孤单的树，它像是一座长满叶子的纪念碑被留在那里，供奶牛在炎炎夏日避暑之用。孤零零的树笔直、平衡、对称，仿佛终于拥有了所有需要的空间可以伸展开来，高耸双肩，张开双肺，但它在叹息。树应该和同类、同生和伴生植物成群地生活在一起。它就像古代的骑士，人们眼中的骑士英勇而孤独，他却不能离开侍从、脚夫、战马和行囊去行走四方，因为没有这些的话，他就会变成一个被沉重的废铁困住的人，骑在一匹因承受他的重量而疲惫不堪的马上，一阵风就能把他们吹倒，铁锈也会侵蚀铠甲，他不可能一个人完成所有事情。孤身一人流浪四方的骑士只是文学的虚构，孤单的树则是装点城市和花园的审美选择。陷于孤独的树生长得更迅速、更漂亮，仿佛以自我为中心尽情伸展开来；但和那位骑士一样，它也更加脆弱。

神秘的"同盟"

　　采一个蘑菇,就像是在荆棘丛中采摘一颗树莓。我们所说的"蘑菇",就是在林中漫步时采下并带回厨房的东西。难对付的不是棘刺,而是路边长达数十米的乱蓬蓬的杂草,我们饱经磨难,它献出却只是一枚小小的果实,当我们一说到"树莓"就会想到的唯一的果实。我们称之为"蘑菇"的东西就像一个果实,更确切地说是一个子实体,一个携带着还未散播出去的孢子的、短暂存在的生殖器官,别无其他,它之下是埋藏在土壤中的巨大丝状体,数立方米的"流苏花边"藏在地下,不为人所见,在采集者的脚下延伸,危险程度比荆棘树丛小得多,但错综复杂的程度与之相当,延伸的范围则要更广。人们估计,一立方厘米的土壤,也就是相当于一个骰子的体积的土壤中,含有长达一公里的菌丝,从属于几百个交错在一起的菌株,每个菌株都能延伸至十余米直径的范围。这件巨大的"毛毡"才是我们称之为"蘑菇"的真正形体，我们却只能看见它雨伞形状的小小的繁殖器官，每年雨后才萌生一次。如果果实再牢固一些的话，采鸡油菌就会产生和捏住桌布的中心将之提起一样的效果：一切都随之而来，范围巨大的一圈土壤随着小鸡油菌稍稍抬起，周围的树都摇晃起来，因为它们同鸡油菌以最紧密的方式联系在一起。人们会在树下找到蘑菇，在特定的树下找到特定的蘑菇，因为它们在一起生活。而且，"在一起"还不足以描述：应该说它们"黏在一起过日子"，就像人们以往会用不屑的语气去形容，但我觉得这个表述挺可爱，而且画面也颇香艳；它们以一种我们人类难以想象的方式缠绕在一起生活，毕竟我们是关在一个完整而密封的皮囊中的孤立个体，必须借助语言才能跨越个体之间的鸿沟，树与蘑菇则不然。树的根系探索着同树冠体积相当的土壤；为此，它们巨大的主根（我们可以在地表看见主根的始端）会分生出次生根、侧根和根毛。根毛是几乎裸露的细胞，含有矿物质的水浸润着树下海绵似的土壤，根毛能够和这种土壤溶液直接接触，它们的尺寸也同真菌的菌丝相近。当两者缠在一起时，细胞便会互相穿透、彼此接触，它们交换信息、相互交流，两者共同创造了一个不可思议的统一体，即可以合二为一，又可以各自为营，但它们合为一体时会比各自为战时更强、更有力、更有效率，超过二点五倍。这是一种新的共生体，值得给它冠以新的称谓——菌根，它的质量数以吨计，这种不可思议的结构将一棵树和数个真菌的菌株融合在一起，同时为真菌提供庇护，可以延伸至树干周围很远的地方，直至和邻近树的菌根交织在一起，渐渐地将整片森林中所有的树通过土地联结在一起。在这种联结中，每个个体都会全力做出贡献，真菌纤细的菌丝制成的"毛毡"能够以更大的体积吸收更多的水分和矿物质，它的分解能力能够为树提供必要的营养物质，树自己当然也能获得这些营养物质，但在缺少真菌帮助的情况下，它获取的效率会变低，获取的范围也不够远；树则能为真菌提供它在地面之上、在高处的叶丛中合成的糖类，这些糖类和所有光合作用的产物是这座阳光下的化工厂产量的百分之二十，而真菌无法自行制造这些物质。没有真菌，树只能勉强存活；有了真菌，树才能自在伸展。对于它的"同盟"而言亦是如此，如果没有树来依靠，没有树根和菌丝体的交缠，真菌就不会大费周章地结出子实体了。两者形成了一个共生的统一体，彼此独立又息息相关、互利互惠，无论缺了谁都跟缺胳膊断腿一样。

生命的奇迹？不，这只是事物的自然状态：生命的本质是共生。人作为独立个体是现代社会发展的成果，但这也只是普遍的共生中的一个过渡状态。作为封闭个体的我们，体内却携带着大量微生物群落，肠道内有两千克细菌帮助我们消化、生产维生素以及抵御病原体。我们呼吸的维持生命所必需的氧气由我们周围的植物产生，我们在线粒体的帮助下得以利用这些氧气，线粒体位于我们身体内的细胞里，是十分古老的细菌，它们很早就来到这里，和我们生活在一起，生活在我们体内，在这里使用代词实际上是具有误导性的，因为没有线粒体，我们就不会成为我们。如今，我们离不开它们，它们也离不开我们，我们形成了一个组合而成的统一体，我们才能被称为我们。

生命是共生的，任何有生命的个体都无法单独生活，既不可能脱离同类，也不可能摆脱其他物种，生物圈是一个由大概上万亿吨物质组成的庞大系统，我们是其中自认为独立的一部分，这种幻觉纯属我们的精神臆想，它十分擅长通过屏幕或漂亮故事来否认这一点。

说回到树，树从不孤单，它绝不会故步自封，它伸展到拥抱它的真菌之间，通过真菌在地下同它周边同类的树建立起联系，它和同类交换着分子、营养和化学信号，还和不同种类的树建立联络，它们会对同样的分子作出反应，因为信号的种类相对有限，营养物质也大同小异。在空中、在地上、在地下，森林是一个整体，关联、互惠、共生，形成一个紧密的网络，这个网络越紧密，森林整体在资源的开发利用上就越有效率。

"你如何看待生活，孤零零的树？"

"多么乏味……但还得继续……"

城里的树

　　当我在圣安托万码头看到戴着黄色安全帽的高空作业工人通过绳子吊挂在成排的梧桐树上作业时，我停下了脚步。他们剪去所有树枝，接着向树干进攻。直至作业结束，我一直待在那里，站在圈定事故、犯罪和灾难范围的橙色塑料警示带后，见证梧桐树的倒下。我想要看见。这样的事应当有某个人看见，而不能到了第二天，才发现它们全都消失不见了。修剪下的树枝在一台粉碎机旁等待着它们的命运，粉碎机将把它们碾碎成细小的锯末，就像《人的境遇》① 的结尾。高空作业工人操作着链锯发出隆隆的轰鸣声，他们在树枝上创造出可怖的伤口，树枝摇摇晃晃，从高空落下，撞击在人行道上发出敲击木琴般空泛

① 《人的境遇》（*La Condition humaine*，1933）：法国作家安德烈·马尔罗（André Malraux，1901—1976）的小说，以 1927 年上海工人运动为题材，描述了共产党领导下的武装起义和蒋介石发动的"四一二"反革命政变。

的声音，因为纤维构成的木质颇有韧性，在地上又反弹了几下，可见其遭受的冲击。慢慢地，梧桐树只剩下树的主干，紧接着被一台更加庞大的链锯砍倒。

砍倒一棵树给我留下绝对赤裸裸的印象，看着一棵棵树倒在地上，我感到一种无可挽回的情绪涌上心头，让我感到冰冷，实实在在的冰冷，甚至令我不禁颤抖。那么多时日的日积月累，每个春天长出的那么多新叶，在巨大的砾石间一毫米一毫米伸展的庞大根系，对抗着重力、大风和虫害一点点获取的那样的高度，一个世纪间每天取得的上千次胜利，都在链锯的一击之下轰然倒地，且再也无法重新站起。这有点像一个人的死亡，却更一目了然，因为树始终展现着它全部的过往，在当下展示着它全部的生命，而人的生命历程只存在于每一刻都会烟消云散的对他言行的回忆之中，只存在于他的讲述之中，需要花时间聆听才能了解他。而树，只需要看着它倒下，它的生命历程就同它的枝条、茎节和扭曲的枝干一起消失了，这场独特的生命历险再也不会复现。

我知道，当它们度过了一百五十年的城市生活，已是精疲力竭、伤痕累累，它们需要更新。从我生活在这座城市里至今，已经失去了许多相识的树，它们欢迎过我，好意庇护过我，树叶沙沙作响，像催眠曲，也曾陪伴我阅读、写作、画画，或小酌一杯，看着行人来来去去，它们是我的露台，是我内心的延展，是我内心的外在投射。它们被更年轻的树取代，这些新树努力生长，却还是太小，还没有能力来迎接我。这便是问题所在，人的生命太短暂：那些欢迎我们来到这世上的树，我们见证着它们的消失，而那些新出现的树，我们却无法看到它们长成参天大树。时间的残酷让人难以想象。

在城市里，树往往忍受着痛苦，它们并不自在；但它们挺立着，在一个多世纪的时间里都高昂着头。在城市里，一切都是限制它们生命的同谋：携带着微小污染物的空气，因车辆经过而下陷的地面，因不透水的沥青而干枯的地底，缺少有机质和蚯蚓快活地钻来钻去的土壤，因工地施工而受伤的根系，因到处修筑的地下通道、铺设的不透水管道和缆线而了无生机的土地；还有它们的孤独，缺少同类的树、伴生的树、真菌和组成土壤的微生物的共生环境；还有对树的形状过分注重，为了美观不挡道被频繁地修剪，还有携带着有毒物质的蒸汽和污水。尽管如此，它们依然活着，以最挺拔的姿态，尽量活得更久。它们身陷囹圄、筋疲力尽、被昆虫啃啮、被真菌侵蚀，直到必须得把它们砍倒。城里的树活得并不自在，但它们努力地活着，只为让我们活得自在惬意。

在安纳托利亚的土耳其城市里，我深刻认识到这些。那里的城市庞大、躁动，路面交通过于密集，好像车辆都横行无忌，那里的气候严酷、炎热、干燥、尘土飞扬，那里的建筑歪歪扭扭、陈旧不堪，大量人群的聚集仿佛让片刻宁静都成为不可能。然而，一棵树就够了。隐秘角落里的一棵树，就形成了一个广场、一片阴凉，人们在那儿放上四张草编的椅子就成了一间茶室（çay salonu），树创造了一个宁静而又平和的气泡，人们坐在其中饮茶，慢慢交谈或沉默不语，与陌生人同坐在一起，仿佛时间突然放慢了脚步，不再横冲直撞，世界也变得无比温柔可亲，正是树造就了这一切。当我们站起身来，就立刻重新进入充斥着刺耳的汽车鸣笛声的城市漩涡中，但我们的确度过了一小段宁静的时光，它还可以延续，人们用奥斯曼音乐与之相和，在土耳其灵魂的内在感应中延长这永恒的时刻。从高处俯瞰土耳其的城市，俯瞰坐落于广袤、干燥、泛着金光的安纳托利亚高原上的城市，我们能看见星星点点的树挨着房屋，它们尽可能地荫蔽着这片被骄阳炙烤的辽阔高原。

城里的树在它四周创造了一个清凉的气泡、一层透明的绿罗纱，它的色彩、芬芳和沙沙声令人沉醉。两排梧桐树在马路上空枝叶交错，让我们得以躲避酷热；窗前摇动着的树叶用它们浓浓淡淡的颜色、茂密和簌簌的声响，向我讲述时间的流逝，我看着它们，就像看见一座缓慢却准时的钟。即使在城市里，树才是我们真正的栖居，因为人类本质上是树栖动物。

无论是南方古猿还是能人（*Homo habilis*）①，我们的远古祖先都生活在稀树草原，它们可以运用双腿在泛黄的广阔草原上行走，但草原上也零星生长着树木，孤立的或丛生的树就像大洋洲群岛中的岛屿，就像酷热的城市中的梧桐树。我们的祖先在其间寻找庇护，它们具有可对置拇指的手，利于抓握枝干，它们能运用这双手在树上攀援，在树上睡觉、取食、休憩：它们住在树上。看见城里的树我感到十分幸福，我更愿意认为相较于城市生活，我们更习惯于树栖生活。我所说的毫无理性，只是一种赞叹：树的存在充盈着我的内心，仿佛一株幼芽在数百万年前就在我的脏腑中扎下了根，让我明白为什么我的血液能轻而易举地化为树的汁液。

我们身体的构造同树极其相称。即使我们以两足行走，能够直立站起，解放了抓握有力的双手，我们的身体塑造还是来自在树枝间生活的经历。分辨颜色、区分红色和绿色的良好视力，来自采集垂挂在树叶下的果实作为食物的经历。面部的双眼能够生成立体的世界影像的能力，来自在三维空间中生活的经历，腾空运动时必须极其准确、毫无差错地抓住藤蔓或枝干。站立时同地面平行的视线，同四足行走完全不相适应，这一能力来自长期在垂直

---

① 能人是灵长目人科人属，与南方古猿之间的区别很小，一般认为是南方古猿的后代。他们出现在两百多万年前的东非地区，生活在现在的肯尼亚、埃塞俄比亚和坦桑尼亚一带，会制造和使用工具。

的树干上攀爬，直至到达能坐在上面的枝杈上。我们的这副身体，是从树栖猿那里继承来的，它们从树上下来到地上生活。我不知道我们是否还存有一丝返祖性的怀念，这难以证实也毫无意义，进化心理学是一门伪科学，它自圆其说，人们却永远无法反驳它，但可以确定的是，我们的身体的确更适应祖先的森林。我们保留了与生俱来的这副身体，相较于一匹马、一只老鼠或一头海牛，肯定是我们的身体跟树更为契合。马能够在毫无遮拦的广阔平原上奔跑，老鼠能够在仅容纳得下它身体的地道中攀爬，海牛则能在深水中波澜不惊地潜行；我们，我们是从树上下来的树栖动物，我们保留着爬树的乐趣，以及同那些曾经是我们的居所、我们的道路、我们的食物的树之间的亲近感。

这和我们共享着生存空间的生灵究竟如何？这供我们栖居、庇护着我们、喂养着我们的友爱生灵究竟如何？这一存在于各地让我们安心，让我们自发在它脚下安顿下来，围着它争论、评判、入眠的生灵究竟如何？我们理应去努力理解它，但千万不要把它想象成另一个我们，否则我们将对其一无所知；我们更应将之视作其自身：另一种生存方式，对我们而言不可或缺也无比熟悉的方式。

进入和树的联结，并非是要爱抚它或是同它说话，这只适用于那些身子温热且有皮毛的动物，它们和我们可以分享同样的动作、同样的情绪、同样的依恋；进入和树的联结，要采取全然不同的方式：在树枝间造一个棚屋，在其中小憩，并接受它提供的果实。

　　"那么，生命呢？"

　　"来……"

丁香的召唤

　　我母亲的家门前种了一株丁香。丁香花在春天开放，一串串密集得惊人的花朵垂落在枝头。它正对着我们通常敞开的大门，呢喃着令人眩晕的芬芳，邀请我们走出家门。我们折几枝花放在透明玻璃的花瓶里，花瓶喇叭状的瓶口让花束有足够的空间去舒展、伸长，自在地接受众人的欣赏。一天，我带着一个年轻女人进了家门，我们又采了一束白丁香，插在花瓶里，将花瓶摆在桌上，彼此微笑，过于专注地欣赏着这束花朵。我的母亲看着我们做着这一切，带着她熟悉的、无法模仿的、难以捉摸的专注神情。为了所有人都能听到，我提高音量，第一次直白地称颂这一串串沉甸甸的、散发着芳香的花朵，我用手掌掂量了一下，它们充盈着芬芳的汁液，我感到它们在我的指间颤动，仿佛是在抚摸一个乳房，沉甸甸的、散发着芳香的乳房，这很香艳，我这样说道，并继续我的赞美。陪在我身边的年轻女人似乎也和我一样亢奋，但不敢多嘴，我的母亲始终看着我们，大概也一直听着，却不怀好意地盯着这束花，这令我大吃一惊。我诗兴盎然，充满激情地谈论着花的性感，她没有兴奋地跳起来，只是一言不发，她站起身，向我投来一个空洞而又冷淡的眼神，开始动手准备饭菜。"来吧，我们到外面转一圈。"陪在我身边的年轻女人低声说着，帮我走出窘境，我跟着她走出去。敞开的门朝向透亮的绿光和淡淡的芬芳。丁香靠在门上，催促着人走出青灰色的石头房子，漫长的冬季过后这厚重的房屋依然冰冷。我们走了出去。

木石结构的房屋

　　科西嘉是落入海中的一座奇妙的高山，海水浴场只是其中微不足道的一个细节，重要的是森林、岩石、激流，以及由栎树、山毛榉、松树组成的整个世界，尽管这里曾遭受大火摧残，却仍能向在林中耐心、缓慢、长时间漫游的人们展现美不胜收的时刻，若能徒步是最佳的选择。在科西奥内路（route de Coscione）上，我在一片奇特的山毛榉树林前惊奇地停下脚步。说是树林，其实只是一些孤零零的低矮树木，它们分散在一座缓坡上，每一棵树都倚靠着一块巨大的岩石。这既奇异又美丽，尤其令我吃惊的是，我曾在从未见过这些树的时候画过它们。借助画笔和水墨，我曾在巨大的纸页上数十次地画过这样的景象：一棵巨大的树依靠在和它的树干一样高的巨石上。我自以为是在凭空创造，以为是我过分夸张，我笨拙地将中国水墨的技法和卡斯帕·大卫·弗里德里希①的精神融合在一起，以为自己在信笔胡乱创造着不可能存在的树，我骂自己想画得逼真却力不从心，责怪自己总是出现同样的幻想，突然在一条山路的拐弯处，它们就在那里，所有我曾画过并且认为并不存在的景象就在眼前。

我感到困惑，我穿行其间，从一棵树走到另一棵树，拍了几张照片，却没有一直拍下去，我对它们了然于胸，因为我曾经画过它们，每一棵树我都逐一创作过，画在我家夹在画夹上的大画纸上：我用水墨创造出来的树就这样突然在科西嘉的山上出现在我面前；梦想中的树，它们就在那里。我暗自思忖：所有我画过的东西会在世界上的哪个地方出现？它们一定在某个地方等着我的到来。

我从遐想中回到现实，清晰的意识像监测仪一样觉醒了，就像一个要花费一点儿时间启动的程序，启动之后便一切正常了。一树、一石，数十对这样的组合散布在矮草覆盖的缓坡上：岩石周围应该有什么能促使山毛榉落地生根，大概是庇护的空间、日间由岩石积累的热度、阴影所存留的湿度，在这一气候下拥有有利于它们生长的因素。小山毛榉在庞大的碎石堆旁寻求保护，而

① 卡斯帕·大卫·弗里德里希（Caspar David Friedrich，1774—1840）：德国浪漫主义风景画家，代表作有《雾海上的旅人》。

今，粗糙不匀的石块沉默不语，比缓慢本身更加缓慢，为树的生长提供帮助。因此，除了那种让我在知道它们有可能存在之前就令我执着于去画它们的预感，没什么神秘之处。

之后，我意识到我画的并不是科西奥内的山毛榉，而是我刚才讨论的母亲的房屋；并不是那种对未来发生的山间漫步的神秘预感指引着我笨拙的画笔，而是关于这座房子的朦胧记忆，只是它经由我的画笔高度概括化和象征化了，我才没能在绘画的过程中认出它。我画的树并不是对于新奇发现的预感，而是对于过往回忆的追溯，因为在我们大多由直觉驱动的精神活动中，并不是未来在牵引，而是过去在推动。但正因它们大都朦胧不清，我们无法立刻认清其中的方方面面，我们才无法将所有要素置于正确的秩序之中，天真地以为所绘的是别的东西。

我母亲的房子，是一棵巨树下的一块大岩石。这座青灰色的大石屋挨着一棵栗树而建，树荫庇护着这座房屋，它的叶丛就像马戏团的帐篷，保护着房屋的正面和屋顶的一部分。在我母亲家里，夏天，我们生活在叶簇形成的绿色大帐篷下，吃饭、发呆、闲聊、读一会儿书又睡着，直到太阳藏进森林覆盖的山岭后面，一股带有泥土气息的湿气升起，叫人不禁打起寒战；是时候回去了。我们在不同的庇护所之间轮换，既躲避寒凉又远离酷暑，被温柔包裹。在居住的真实意义上，我们和两者住在一起：树为房屋提供荫蔽，房屋为树提供庇护，树和房屋为人提供庇护，这样便完美地概述了整个世界。因为我不太会运笔，也不太会用色，于是自然而然地照搬了对世界的古老印象：石、树、人。别无其他，至多有些许点缀。

山毛榉的方阵

　　山上的山毛榉树干粗短，很难用双臂环抱，它们细细的枝条也不会伸展到很远的地方，所有树枝会组成一个挺立的球形，和树干相比，枝上的树叶便显得很小；海拔低一些的地方，当它们形成密闭的丛林时，每一棵树都受到庇护，它们的树干向上延伸，变得更细、更优美，自然地除去了低处的枝条，因为这些枝条只能待在阴影中，起不到任何作用，只有位于高处的树冠在生长，邻近的树冠彼此相接形成了一片连续的冠盖，整个林冠朝向天空。在林下层，幼小的树的分枝像太阳能集热器那样陈列开来，在林缘，它的形态并不对称，在靠近光的一侧形成一个半球，而孤立在草原上时，它则形成一个和谐而完整的巨大的球形。也许当它独自存在，当它能向四面八方伸展的时候，那才是它真正的形态？但它并不愿独自生活，也没有所谓真正的形态，它所能形成的所有形态都是真实的，于树而言，孤立是一种人造的

96

假象。

山毛榉的可塑性令人惊愕，从一个地方到另一个地方，如果不仔细看的话，我们可能认不出它来。山毛榉具有"万物"的可塑性，"万物"是佛教用语①，用于表述世界的无穷多样性，万事万物的虚幻生成通过它们外在的庞大数量掩盖了一切事物深层次的同一性；尽管山毛榉的形态变化多端，但通过它们始终相同的叶片，通过它们哑光银色的树皮，通过它们林下层统一的铜色，我们还是能辨认出来。它的形态随着环境而变化，它对水、对风、对其他物种、对土地、对一切都十分敏感，它是变形论者，但这并非是讨好：它弯曲，它改变，它存活，它获胜。所有山毛榉都有一个战斗的灵魂，它的执念就是生存，不论对手是谁，什么都不重要；重要的是生存并且繁衍。为此，一切手段都是好的，所有策略、所有诡计、所有阴谋、逃离、歼灭或结盟，一切根据情况而定。

即使独自生活，山毛榉也能形成一个共同体。一棵树，能生出好几根树干，形成一簇圆形的树丛；几棵树，能形成一片紧密的树丛，构成一个球状的叶簇；离远一些，无论是单棵树还是数棵树，它们都拥有相同的形态，

---

① 应为道教用语。结合下文可知，"万物"的理念来自《道德经》："道生一，一生二，二生三，三生万物。"

97

完美的半球密集地接合在一起，形成接受阳光照耀的最佳形态，不漏一丝光线。山毛榉是一个军团，是由树枝构成的方阵，由树叶组成的盾牌一致朝外，吸收着全部的光照。山毛榉是征服者，它立志占据所有地盘，当它站在那里时，在它之下除了幼小的它自身，长不出任何别的植物。山毛榉林便会形成一片绝美的林下层：视线没有遮挡，地面覆盖着一层铜色的落叶铺成的地毯，哑光银色的巨柱支撑着彩绘玻璃窗般的绿色天空。林地美得像一座新艺术风格的教堂，拥有生铁铸就的优美框架和琉璃瓦盖的房顶。这里同样是亚瑟王圣剑的神秘森林，是骑马驰骋的绝佳场地，马儿在其中可以畅行无阻，这里同样是神秘信仰的理想场所，处处笼罩着柔和的光线，为青苔覆盖的岩石下举行的祭礼和低声念叨的神启提供了绝佳的昏暗环境。

在生物学上，这片十分美丽的林下层是一片荒漠，因为浓密的林冠吸收了一切，彼此紧靠的山毛榉密不透风，地面之所以一览无余，是因为任何其他植物都无法从中长出；但在美学上，这里是一座剧场，山毛榉林地将中世纪秀林（sylve）的传说变为现实，上演着"逼上密林"的故事。

"秀林"是指西方的野蛮森林，在人们写作骑士传奇的时代，乡间的许多土地已被开垦且有人聚居，秀林便已然是想象中的存在，它是梦想中实际存在的一块保护区，是尚未揭示于世人的世界的一部分，是和依然生生不息的世界起源联络的方式。深入其中，便是迷失自我、再造自我。在克雷蒂安·德·特鲁瓦①称之为"加斯特森林"②的秀林中，存在着巨大的树木、野熊和隐士。幽灵般的城堡、没有面容的守桥骑士以及布列塔尼的所有元素，兰斯洛特和桂妮维亚③、森林里的罗宾汉，还有孩童版本的西尔万与西尔薇特④。人在其中重新变回动物，动物在其中则有了人的灵性，女人变成男人，男人任凭自己变成女人，作恶的人成了领主，领主则成了流浪汉，一切都互换了地位，人们大量讲述着这样的故事；树公平地庇护着、藏匿着、滋养着所有人。秀林可以是布劳赛良德森林（Brocéliande），梅林在其中倾其所

① 克雷蒂安·德·特鲁瓦（Chrétien de Troyes，约 1135—1190）：12 世纪诗人，是古法语创作的亚瑟王传说的奠基者和最早的骑士传奇作家之一，代表作有《兰斯洛特或囚车骑士》（*Lancelot ou le chevalier à la charette*）、《帕西法尔或圣杯故事》（*Perceval ou le conte du Graal*）。

② 加斯特森林（gaste forêt）：传说中圆桌骑士帕西法尔（Perceval）在母亲陪伴下度过童年于其中的森林，一些作家将之同法国西北部芒什省的兰德·普利森林（forêt de la Lande Pourrie）联系在一起。

③ 兰斯洛特（Lancelot）是亚瑟王旗下杰出的圆桌骑士，桂妮维亚（Guenièvre）是亚瑟王的王后，兰斯洛特对桂妮维亚怀有"骑士之爱"。

④ 西尔万（Sylvain）和西尔薇特（Sylvette）都由"秀林"（sylve）一词发展而来，原指森林男神和森林女神，这里指的是 1941 年起连载的法国著名儿童漫画《西尔万与西尔薇特》（*Sylvain et Sylvette*）。

有教授女巫莫甘娜（Morgane），莫甘娜"好好"报答了他，将他关在气柱之中，令他无法离去；秀林还可以是舍伍德森林（forêt de Sherwood），当世道太艰难、太束缚人、太不公正时，罗宾汉快乐的同伴们便能在其中找到避难之处，他们在盛大的宴会上共同畅饮从诺丁汉郡长的打手那儿偷来的酒；秀林还可以是《皆大欢喜》① 中的亚登森林（forêt d'Arden），莎士比亚将他所有困顿的、被追捕的、受严酷的社会秩序威胁的角色送入其中，他们原本准备向敌人屈服，但在森林中，借由戏剧的幌子说出的真实谎话，借由两面手法和伪装的周旋，一切都得以解决，直至真相和公正最终得以重新建立。去森林走走，既是饭后的一次美妙散步，也是我们最古老的想象中深入生命源泉的方式，在那里一切都重返青春，一切都在重整秩序后复活。树林中充盈着新鲜的气息，我们完全浸润在树木充满生机的芳香之中，这些"挥发性的有机化合物"能为我们这样的树栖动物带来健康、清新与活力。

　　"生命？"

　　"呼吸……"

---

① 《皆大欢喜》（*Comme il vous plaira*）：莎士比亚创作的"四大喜剧"之一。

迷失在森林里

我父亲曾带我走进加斯特森林，那时我 5 岁。当时母亲待在一个窗帘拉起的房间里，靠在大大的枕头上平躺着打瞌睡。她怀孕了，却并不顺利，甚至无法行走。我父亲带着我走进森林，他迈着修长的腿快速前进，我试着小步快走跟上他，隐隐担心会失去他，担心在我的家庭逐渐壮大时迷失在广袤的森林里。我是口袋里忘记装上碎石子就傻傻出发的小拇指①，不敢望向高出我许多的树顶，双眼紧盯着父亲的双脚。"加油，走快点……"他以一种不算温和的语气对我说道。他和一位前来看望他的朋友一起带我去观赏圣贝亚图斯

---

① 《小拇指》（*Le Petit Poucet*）是法国著名童话，现行版本由法国作家夏尔·佩罗（Charles Perrault，1628—1703）所作。童话中，"小拇指"在樵夫家七个孩子中年纪最小，生来瘦弱，因而得名。七个孩子因饥荒第一次被父母抛弃至野外时，"小拇指"沿途撒了一路的鹅卵石作标记，最终领着大家沿原路返回了家。

钟乳洞①。我们走进森林，他们正谈笑风生，延伸至森林深处的道路经常分岔，我不知道我们在哪儿，也不知道要到哪里去。如今当我观察地图的时候，回溯当时我们经过了何处，因为那里其实很靠近公路。他们或许想要散会儿步，转一圈。高大的树干令人忧心，我们行走于其间，当其中一根木柱倒在路边，甚至横倒在路上时，就更令人忧心了，仿佛预示着更为可怖的灾难。两位先生在欢快地聊着些我听不懂的事情，我失去了定位，甚至怀疑已经迷路了。圣贝亚图斯钟乳洞也没能让我安下心来。渗着冰冷的水的昏暗洞穴仿佛是必须深入的脏腑，它凝固在岩石中，却充满了水声和寒冷的气息。圣贝亚图斯曾来到这座湖边定居，让赫尔维西亚人（Helvètes）皈依，他还曾为他们驱走一条恶龙。人们整修了他曾居住过的洞穴，用一盏微微摇曳的夜灯照亮它，昏暗中一座蜡像坐在一张小板凳上，俯身在一本巨大的书前，全身裹着一件带兜帽的棕色粗呢长袍，只有穿着凉鞋的脚没有被盖住，他的鼻子隐没在移动的阴影和乱蓬蓬的胡须之间。他在动，我对此确信不疑。他在低声呢喃，或者说是阴影在低声呢喃。我无法在黑暗中重新找到正确的道路。

---

① 圣贝亚图斯钟乳洞（grotte de Sankt Beatus）：位于瑞士图恩湖（lac de Thoune）北岸。传说中，中世纪时圣贝亚图斯曾驱走了穴居于此的一条喷火龙，并在洞中隐修终生。

我父亲和他的朋友一起笑话我这种天真的幻想，他拿我的恐惧寻开心，但他的大手却紧紧攥着我的手。我们终于走了出来，要重新穿过这片偌大的森林。一模一样的树干一眼望不到边，我们走着。我不知道我们正前往何方，他们却知道，他们凭借十分可靠的直觉在每一处岔路口选择前进的道路。于是，我对自己说，很明确、很清楚、很合理的是，成年人拥有某种小孩子不具备或者尚不具备的特殊能力：知道身处何地以及知道该选择哪条道路。这一隐藏的能力能够解释一切，只要拥有信心，这一想法让我安心了一段时间，直到我们抵达了一片烧焦的森林。在几百米的范围内，沿途都是被截去顶枝的焦黑树干，黑色的树段倒在赤裸的地上，这里全然寂静，既没有树枝间的风声，也没有鸟叫声。我们来时并没有看到这一景象，我们现在迷路了，被困在一片荒芜之中。我曾在洞穴中感受到的魔法将我们送入这片灰烬的丛林。我父亲和他的朋友笑不出来了，因为一切都变得可怖而寂静。"你知道回去的路吗？"我最终大胆地用颤抖的声音轻声问道。他望着我，犹豫着不知道是否该因为我孩子气的恐惧而发笑，接着他用结着老茧的有力的手握住我的小手，用一种轻柔的声音对我说："当然。走吧，来吧，我们能出去的。"

　　随着时间流逝，我逐渐爱上了迷失在森林里的感受。我骑着自行车前往森林，这辆自行车拥有巨大的轮胎和二十挡变速，能前往任何地方，带着一张地图，我无所畏惧地深入那些小径。地图更新并不总是那么及时，一些已被开辟的小路却没有出现在地图上，另一些在地图上有标记，却因为森林的生长而隐没了。林中漫游经常以我肩扛自行车翻过荆棘丛生的山坡告终，但我出发正是为了如此，为了感受包围我的森林的浩瀚，即使它们距离我家从来都不太远。

一次，我真的迷路了很久。几个小时里，我毫无方向地走着，辨认不出任何事物，地图也没有给出任何标记。夜幕降临，绿色的叶丛之下光线缓慢消失，我的目的地肯定就在不远处，但我不知道它具体在哪儿。再一次，我停下脚步，查看地图，我再次在纸张上滑动着手指，好像能够触摸到指引我走出迷茫的高低起伏，想象着如何用掉落的树枝搭建起一座最佳的棚屋过夜，也许还能铺上一层蕨草充当床铺。接着，一辆汽车像幽灵般出现在树木之间，一辆不起眼的雷诺4L在距我面前五十米处几乎悄无声息地畅行于林下，接着它便像遁入地下般消失了。我向前走了一小段，公路就在那里，被一道几厘米高的斜坡遮住了，我就是这么轻而易举地迷失在了森林里。一踏上公路，道路便清晰地勾勒出来，一切都重返秩序之中，我在黑夜降临前回到家里。

秀林，是令孩童充满恐惧的绿色森林，人们要在童年和成年之间破除幻象，这样的故事就得重复两次：第一次宛如一场可能的悲剧，第二次则演绎出一场笑剧。

遇见猴面包树

我第一次见到的猴面包树，是一棵矮小的树；那是在留尼汪圣但尼①的一座公园里。因为时差和坐在飞机上度过的不眠之夜，我的脑袋里乱糟糟的，一台空调交替发出机械的锤击声和长长的叹息声，在它如冰镇一般的气息下，我小憩了一会儿，渐渐恢复了一些精力，准备在圣但尼奇特的街道上走一走。在这座位于世界尽头的城镇里，我们既不完全在法国，也离法国并不遥远。我瞧见一座草木茂盛的公园，好奇地走了进去，我看见了猴面包树。我倍感惊奇，坐在它旁边，以一种天真的眼神注视着它，好像在路上瞧见了一只从书中跑出来的精灵、巨怪，或是某个你听闻许久的人物，它终于出现在你面前，还近在咫尺。在成为触手可及的树之前，猴面包树就已经是孩子们熟知的一个词，它是我最早学会

---

① 圣但尼（Saint-Denis）：法属留尼汪岛首府。

识读的词之一，因为在我的小班读物里充满了殖民地的民间故事，先是马马杜（Mamadou）、粟米和稀树草原，接着便是猴面包树，这个带有三个 b 和大开口元音的词①读起来令人着迷。它是散布于绘本和读物中的传说，是想象中的非洲之树，一种肥胖的树，一种所有人都知道却没有人见过的树。这个词语、这个传说的所指终于在现实中现身的那一天，是意义非凡的一天，而且不仅只对猴面包树意义非凡。

遇见猴面包树令我兴奋不已，我决定将它画下来，我画得很笨拙，但我喜欢画下那些触动我的事物。我充满感情地画出了一块巨大的甘薯，它直立在地上，发了芽，因为猴面包树胖乎乎的树干就像甘薯，它光滑的树皮就像宾什土豆的表皮，相较之下略显瘦弱的树枝则漫无方向地向外冒出。这大概是株猴面包树宝宝，它仅有三米高，一棵公园里的树，一株盆中的猴面包树。画下它在我们之间建立起了友谊，我坐在它面前的长椅上，拿出了一本书，开始平静地阅读。突然光线变弱了，我以为是旁边的树造成的阴影，于是稍微挪了点位置但这并不能解决问题，我越来越看不清楚了。黄昏似乎来临了，但时间刚过 17:30，我越来越难继续阅读，最终黑夜降临了。热带！我对自己说道。十二小时的白昼，六

---

① 法语中"猴面包树"一词为 baobab。

点日出，六点日落，我在什么地方也读到过。我把书整理好，路灯已经亮了，自我出生以来温带就见证着我的成长，而这是我远离温带度过的第一个夜晚。

　　我在留尼汪的旅程充满了这些天真的发现，我曾在书本上读到过的事物都真真切切出现在我身边。在内日峰（piton des Neiges）的山坡上，我走进了日本柳杉的森林，它们被栽种在那里，错综复杂的根系能护住陡峭山坡上的土壤，防止雨水冲刷。我曾在川端康成的小说中读到过这种树的名字，后来又在其他日本小说中读到过它，所有小说中都有一些山、一些林，而我并不知道它长什么样。过去，日本柳杉对我而言只是一个没有指称的名字，它只是一个名词、一个传说、一个日本的浪漫树种，和纸糊的推拉门以及踩在木桥上发出嘎吱声的木屐一样有着典型的日式风情。在树枝间，我发现了附生植物形成的次生森林，这些生长在其他植物上的植物却不接触土地，它们像所有植物那样需要水，却采取了其他解决办法。它们蜡质的叶片可以减少水分的蒸腾，它们的叶丛之下既无茎条也无枝干，因为它们并不需要这些，它们任凭长长的带有茸毛的根垂落下来，这些根能够吸收我们难以感知的、从土地中升腾的以及从其他植物蒸腾的水蒸气，或是云雾中的水分，它们浸润其间，尽情吸饱喝足。它们不需要花大力气建造枝干中的管道系统，它们生活在其他生物的气息之中，在这个潮湿的地方，一切都良好地运作着。每天清晨，云朵会在明朗的天空中聚合，山顶上的云层不断增厚，每天下午便顺着林木覆盖的山坡向下流动，让森林始终保持湿润。

　　我看到的这一切都曾在课堂上教授过，我从书本中获知这些，如今我终于看到了它们，不是在泰特多尔公园①的热带温室里，我以前时不时会去那里转转，想象着在其他地方这些植物会是什么样子。那几天我拍了大量照片，这些图片让那些审查我硬盘存储的工作人员震惊不已：植物，植物，还是植物，叶片、交缠的根、垂落的根、雾气中的彩虹还有长满刺的茎秆，所有古怪的事物都被框定在明信片的规格之中，好像我的照相机就在我的髋部摇晃，随着我走的每一步被按下一次快门，拍下歪歪斜斜、不明所以的景象。但并非如此。一切都有主观意愿，这些照片记录了我长久以来面对上千个知识细节的惊奇，而我第一次亲眼见到这些奇异事物。这是《教师先生的漫步》（*La Promenade de monsieur le professeur*），我们将它变成一幅天真的画，《夫子从游》（*Der Spazier-gang des Lehrers*），便带上了施皮茨韦格②的画作名里具有的那种

---

① 泰特多尔公园（parc de la Tête-d'Or）：位于里昂市中心的罗讷河畔，是法国最大的城市公园，里昂植物园位于公园内。
② 施皮茨韦格（Carl Spitzweg, 1808—1885）：德国浪漫主义画家、诗人，被视为毕德麦雅（Biedermeier）时期最重要的艺术家之一。这里模仿的是施皮茨韦格创作于 1860 年的画作《学院漫步》（*Der Instituts spaziergang*）。

淡淡的嘲讽。

我租了一辆汽车，再次前往山里锻炼我天真的目光，因为在这座岛上，城市实在丑陋，交通总是拥堵，海岸也毫无创意地被改造成了海水浴场，但爬高一些，驶过十五公里的蜿蜒山路，跨过上千米的海拔之后，我们就能发现一片亘古的宁静。穿过几乎荒芜的村庄，那里一些已显老成、体形硕大的先生们穿着蓝色工作服，戴着鸭舌帽，一动不动地坐在游廊底下，好像亚拉巴马州的纪录片里梳着脏辫的年轻黑人穿着黄色、红色、绿色的衣服，围着几辆小摩托车聚在路边的车站底下，几乎什么也看不见，几乎什么人也碰不到，一侧散发着啤酒的气味，另一侧散发着草木的气息，在路边随处可见的水泥筑成的小破屋的墙上，喷涂着无处不在的标语："渡渡在那儿"，还有已经不在那里的渡渡鸟傻呵呵的微笑。阴性的"渡渡"是当地一种没什么味道的啤酒，天气非常热的时候凉爽的"渡渡"是绝佳的饮品，而阳性的"渡渡"是一种已经消失的大型鸟类，一种没有羽饰、没有翅膀的火鸡，它之所以灭绝是因为它不善奔跑，又毫无戒备之心，在长达两个世纪的时间里成了过路海军的补给，以及被引进到岛上的猪和猕猴很容易捕获的食物，才五十年就大势已去，渡渡不在那儿了。

我沿着蜿蜒的山路继续爬坡，希望不要遇到任何人，这不是一种厌世心态或是旅行时装酷，而是因为没有足够的空间，沟壑近在咫尺，所有狭路相逢都是一场历险，所有载着乘客飞速下山的旅行大巴都是一颗拉开了保险栓的炸弹，可以将你送入千余米深的山谷。我继续向上，一直到连接两座山峰的山肩，看到了奇异的景象：森林中有一片梧桐树。那时是四月，正是南半球的秋天，由于在这座岛上，不管是我的头脑还是四季变换，一切都是颠倒的，所以那时，它们正在变红和落叶。穿过一座村庄时，我的视野中一片奇异，令我困惑不已，直至最终我才明白一切。沿途耸立着殖民地风格的房屋，房屋的游廊有木头雕花，正如我们在热带岛屿上看到的景象，至少我在电影里了解的便是如此；但房屋周围是显露出秋色的大树，平滑的树皮上有一块块剥落的痕迹，凋零的赭石色的大片树叶铺在地上。我心生一种十分强烈又十分感动的熟悉感，夹杂着一种同样十分强烈的异域之感，一位年轻的黑人女性正穿着塑料拖鞋迈着灵活的脚步穿过街道，这一情形创造了一种特别的奇异之感，一种突如其来的忧郁情绪，宛如一幅深深触动心灵的梦中场景，却不可言喻。恢复意识之前，我认出了梧桐树在秋天的颜色，尽管我尚未真正认出它来，但这种颜色始终脉动于我作为生活在法国的法国人的生命里。这是十月的颜色、栗子的颜色、铺满棕色落叶的街道的颜色、学校的颜色、夏日已尽时温带法国所有城市的颜色、我家的颜色，而在印度洋上惊奇地重新见到这种颜色让我有了一种奇特的感受，正如伊夫·蒙当在《恐惧的代价》①里坐在满载硝化甘油的货车上把玩着手中的地铁票时的感受。当然，爆炸的风险要小得多，但遐想却并不在乎细节，它令人动容；乡愁随之而来。

为了环岛一圈，我沿着海岸公路绕过富尔奈斯火山（piton de la Fournaise），转过一个弯后出现了一片流淌着熔岩的地带，这一景象奇异得仿佛是从月球上降落于此，令我反射性地踩下刹车，停在了马路正中央，因为车流量很少才幸免于一场连环追尾事故。每一年、每两年，一股柔软的玄武岩浆流便会从火山的一处缓坡上渗透出来，人们称之为火山喷发，但这只是一种黏稠的岩浆流，它沿着缓坡而下，流入大海。没有爆炸，一切只是溢流，不会杀死任何人，一层黑色的焦壳覆盖着山峰的侧面，岛屿不断扩大。流淌的熔岩内部是红色的，它随外壳逐渐凝固下来，缓缓冷却。道路曾经被修缮过，人们可以在旁边的人行道上行走，但火山的气体仍然从裂缝中喷

---

① 伊夫·蒙当（Yves Montand，1921—1991）：意裔法国著名演员、歌手，参演 1953 年上映的法国电影《恐惧的代价》（Le Salaire de la peur）。《恐惧的代价》讲述了蒙当饰演的马里奥等四个混混在巨额酬劳的引诱下被石油公司雇佣，冒着生命危险驾驶着载有十吨硝化甘油的卡车前往油田灭火的故事。该片曾获 1953 年第 6 届戛纳电影节主竞赛单元金棕榈奖。

出来，而一种翠绿色的小灌木已经从闪烁着爆裂光芒的黑色土地上冒了出来。被摧毁的森林又自行恢复了，速度很快，首先是打头阵的植物，那是一些不惧怕阳光、生长迅速的植物，它们充分利用应有尽有的自由空间，紧随其后的是其他物种，它们在前者的荫蔽下生长，利用土地上初步打下的基础，盖过最早的"探路人"，毫不留情地令其消失。所有生命都是为了自己，所有生命都有其自身角色，活几个月也是活，"探路人"等待着下一次喷发后再度归来。

平衡的森林不会发生很大变化。每个生命都占据着自己的位置，每个生命都扮演着自己的角色，所有的位置都已被占据，需要等一棵树死去，另一棵差不多的树才能成长起来，取代它的位置。但当一场大灾难摧毁整片森林时，愈合机制便开始发挥作用。它依照一种很有规律的进程重新生长起来，恢复的过程也许有所区别，但很快便能恢复原样。火山活动、火灾或人类的介入，森林在各类伤害之下生存下来，只要有相当数量的植被毫发无损，它就能启动某种机制进行修复。但如果树木全都齐根倒下，植被自然会变化，生物多样性更少的稀树草原便会形成，水分更少、荫蔽更少、土壤更少，在贫困中依然能维持一个相对稳定的状态，但森林的恢复就变得希望渺茫。在十分贫瘠的热带土地上，没有既定的命运，森林或稀树草原，丰饶程度不同，两种平衡都有可能形成。而森林可以产生森林，有时也能意外产生稀树草原，稀树草原却只能产生自身。

"生命?"

"如果它走得不是太远，它还会回来的。"

就像一张张面孔

　　傍晚时分，我们抵达了海拔很高的湖泊。云雾再度漫上山坡，从身边轻轻掠过。湖面看不到什么，当薄雾散去，时不时我们能看清另一侧的湖岸。它是灰色的，如同维京人的海岸，又隐约像文兰岛（le Vinland），泛着雾蒙蒙的绿色和钢铁灰色，漆黑的寒鸦聒噪地飞过。这是北方的景象，而我们身处西班牙。我们必须得下山，但我们看不清二十米开外的东西，真的看不清。我离开脚下的路，想看看还有没有其他的路可走。我孤身一人摸索着，看到脚下的草木迅速褪去颜色，接着什么都不见了，一团白雾笼罩四野，我听到一个熟悉的声音从里面传来："你在那儿吗?""在。"但我们互相看不见，就这样毫无把握地往山下走去。在上山的路上，我在矮草丛中看到好几条路，我们正沿着其中一条下山，但不确定这是不是正确的路。但是除了这条劈开高山牧场的狭窄的红土路，我们也没看见其他路。可以肯定，我们是在往山下走，但有可能选错了方向。如果我们走的是西班牙那侧的山坡，那就得绕过比利牛斯山才能回到法国。耳边传来了铃铛的声音，我们在上山的路上也遇到过牛群。叮当声越来越近，它们一个接一个地从薄雾中走出来，先是牛角，接着是身体的其他部分，然后又慢悠悠地消失了。牛群换了个地方，往山上去了，它们帮不上我们的忙。

接着，一棵树出现在我们眼前。我认出了它，就像一个人认出了一张脸，无需理由，只需一瞬，毫不犹豫。我朝它微笑，向它问好，仿佛眼前是一张熟悉的面孔。在上山的路上，我在它身边停下，给它拍照。当时，我仔细端详了它一会儿，之后一直能认得它，就像一个人认出一张长久注视过的面孔，一张交谈过的熟悉的脸庞。我们对面孔有一种特殊的记忆，大脑的一部分可以记住面孔，并在它们再次出现时立刻产生一种熟悉感，这种独特的功能让我们一眼就能认出那些面孔，而不需要看清脸上的所有元素。当然，树没有脸，但它们既相似又独特，面孔也是如此，只需要简单的元素就可以无限地重组，成为变化微乎其微的组合。就像给人画肖像一样，我们也可以给树画像，然后依据画像辨认出它们。我们继续朝山下走去，这次不再害怕，疑虑都消失了，这就是正确的路。

我一直想要给树画像，但是我的专业能力不够，导致这一计划有些苍白，但我知道这是可行的：坐在一棵树面前，长时间地注视它，然后画出它独一无二的样子。如果我们能从一棵树的外形识别出它的种类，那么辨认出拥有相同基因、存在细微差别的个体也是可行的，一棵树大致的外形是由它的种类决定的，一张面孔的大致样貌也是如此，但是每个人的面孔都是独一无二的，尽管拥有相同的元素，但正是这些元素的独特组合让我们能够被辨认出来，我们也被赋予了只属于自己的名字。

树的"面孔"是一种比喻，但每棵树都拥有一副能被识别的外表，拥有一个独特的外形，那是我们目光扫过时定势的样子，还拥有一个正在生长的姿态，这需要几个月的注视才能等到结果。如果加速一棵树的运动（即使被固定住，树必定也会发生变化，因为它在生长），那么在它的身上可以看到一位跳水运动员的动作。我们喉咙发紧，见证着一个结实的生命扎进黏稠的流体中，这是一场没有冲突的战斗。树在生长①，这个词要从字面上理解，有东西在"推"，在"抬"，树一直在生长，它的运动是穿透那个包围且阻挡它的空间。它适应环境，它的样子是发芽的自然推力与阻碍它的外部力量之间的平衡，是它想要的和能做的之间的平衡。它的形式是平衡的，所有平衡的形式都是美的，它们散发出一种令人

_____

① pousser 有"推"和"生长"的意思。

惊讶的和谐，因为我们不知道确切的原因，但我们猜测，是一些陌生的力量给予了它们生命。

　　说了这么多，我对面孔到底有多少了解？辨认它们对我来说非常困难，我总是忘记它们，或者把它们弄混，还察觉不到家族之间的相似之处，有时迟疑一下后还会把这位认作那位，惹出张冠李戴的尴尬误会。对此，我的解决办法是承认自己脸盲，然而没有人愿意相信这一点。因为我们作为社会的人，一项重要的义务就是能认得彼此，而且我们在这方面有一种惊人的天赋，就像狗的鼻子一样可靠和灵敏。当然，除了我之外。对于身边的人，我主要是依靠他们的动作、走路的姿势，以及远处（甚至在人群中和街道尽头）隐约可见的轮廓加以辨认的。对方只需要动一下，走一步，或者抬抬肩，我就能知道那是谁。也许正是因为我能用这种特殊的方式认出同伴，一棵树的外形才能立刻让我想起一张面孔。一个生命独特的活力以及它在世界上存在的历史，对人类而言体现在他异常活跃的动作上，对树来说则体现在它的外形上。

防御作为生活方式

在贡恰斯河峡谷（la quebrada des Coquillages）流动的粉状沙地上，一棵树独自坚守，那可贵的尊严让我霎时间目瞪口呆。我在阿根廷安第斯山脉（Andes argentines）脚下的沙漠山谷中偶然遇见了它，我现在写作的整本书都是基于在这棵树面前感受到的瞬间的震撼。那棵树，确切来说是一株灌木，独自站在随风飞舞的黄沙中，背靠一块用指甲就能抠下来的赭红色岩石的石壁。它孤零零地待在空旷的沙谷底部，远离公路，远离人类，没有人听说过它，遗世独立，充满敌意。在沙丘边，它不断生长出带刺的小球，它的枝条仿佛是北约的秘密实验室设计出来的，拥有几何学的规整，残忍又顽固，简单且重复的形状时刻准备着撕扯。每根树枝都是由一系列规律的分枝按序构成的，其中一侧都有一根光滑的木刺，坚固锋利如金属，另一侧连接下一条分权，如此反复，直至末端。它的枝条像铁蒺藜一样，是一片有组织的铁丝网，构成带刺的之字形，阻挡食草动物靠近。树枝是顽固的防御，灌木是封闭的敌意，既缄默又危险。

"那么，生命，存于沙中？"
"……"

它没有回答，因为它的外形本身就是它的语言。它守卫着自己，阻止我们的靠近，捍卫那几片在阿根廷沙漠的严酷气候中缓慢生长出的厚厚的叶子。它拥有防御型的外表，因为这里的树木非常稀少，而且生长得十分缓慢，失去几片叶子就是严重的事故，需要很长时间才能恢复。任何靠近它的动物都会被刺伤舌头、口鼻、爪子，除非采取一些预防措施，但是为了几片坚硬的、毛茸茸的而且肯定是苦涩的叶子而劳心费力，显然是不值得的。树展示出敌意，食草动物看懂了就会绕道而行。于是，它得救了，生命在寂静中延续，没有人靠近，它在沙谷中庄严而孤独地度过一个又一个世纪。我敬佩它如此持重，欣赏它敢于骄傲地表明自己不愿被触碰的意志，能够继续过孤独的生活，一生致力于在不利于植物生存的沙谷中缓慢地生长。它等待着一年之中难得的几场雨，它和敌人保持距离，默默生长。

树只有自己的身体，它只能用蜕变和生长来思考和表达。在那个为它制定防御策略的秘密实验室里，它只有两种发展可能：变形或化学工厂，长出刺或变得有毒。为了防止大型食草动物拔掉它的芽，毛虫啃食它的叶，木腐菌的分泌物慢慢毒害它，树会分泌出乙烯或茉莉酮酸甲酯，这促使它的所有树枝、树叶以及邻近树木的树枝和树叶产生一些难以消化、令人作呕，甚至有毒的气体、酶和味道。于是，食草动物放弃了啃咬，这棵树得救了；更确切地说，是食草动物没啃咬多少就放弃了，这棵树的一部分得救了，这就够了。事实上，达尔文主义（le Darwinisme）是一种统计学，也就是说，重要的不是能不能生存，而是够不够生存。这棵树完美地适应了这一策略，它可以失去自己的一部分，但又不至于死亡。它身上没有独一无二的生命器官，没有失去即致命的头或心脏，它的树枝和根部分布着无数生命的源泉，只需一股就足以重建一切；所以失去一些也并不严重，重要的是保留下足够多的。制定策略，让捕食者敬而远之，树就足以生存。

"何谓相处之道？"
"敬而远之。"

花的智慧

　　傍晚时分，你在大阳台上给植物浇水，从一个花盆走向另一个花盆，拎着洒水壶，装了好几次水。白天一直很热，混凝土慢慢释放出热量。水在蒸发，散发出柔柔的气味，闻起来像是鼠尾草、薄荷、薰衣草和百里香。你给它们浇水的那一刻，这种味道会变得非常强烈、特别好闻，就像花朵在你经过时呼了一口气。"我真喜欢给它们浇水。"你说，"花儿散发出香气，就像是在对我说谢谢。"

　　或者说，它们是在呼唤你。植物会这样对待昆虫、蜂鸟和蝙蝠，可为什么它们不会这样对待人类呢？达尔文的理论很简单，甚至有点同义反复，它是对生命的完美实用主义的表达：生存能力更强的生命活得更好；因此，一切能让生命得到延续的特质都成了基因优势被精心保留下来，代代相传。

　　树的繁殖方式是有性繁殖，这并不是一目了然的。这

121

里的"性"一词取的是它的一般含义，没有诱惑或者放荡的意思，而是指不同个体交换配子，从而确保后代的遗传多样性，并使得优势有机会出现。为此，一个雄配子需要与一个雌配子结合，使其受精，接着花粉粒来到胚珠，花通常都有这两个器官。自己繁殖也是可行的，只要环境不改变就没问题，一旦环境变得有些不稳定（这是常有的事儿），还是多样化一些比较好。不过，正如它们的名字所示，植物的特点就是不动。那么如何才能遇到一个不同于自己的搭档呢？这就需要借助其他生物的运动。

有些树把这件事交给风。桦树的柔荑花序大大地张开，散出一片黄色的粉末，每一粒粉末都是一个飘动的性细胞，每一个性细胞都带着形成一棵树所需的一半染色体，类似于精子，但它是被动的且没有鞭毛，只能跟着风飘动。风儿吹来，在颤抖的小茎之上，柔荑花序随之摆动，黄色的粉末升腾起一片美丽的云雾，让经过的人打起了喷嚏。它们会去哪儿？哪儿都有可能。它们形成的云雾涌入每个角落，四处停留，到处渗透，甚至落在同一种类的雌花上。雌花也在挑选，拒绝同一个体以及其他物种的花粉粒，只允许同一物种不同个体的花粉粒受精和发育。这么做成本高还有风险，但确实有效：桦木科的植物因此存活下来，每年春天，充满花粉粒的空气都让我们直打喷嚏。

世界上还有一种运动的生物，那就是动物。于是，植物想出了用花朵引诱动物的办法。花朵拥有美丽的外表，闻着有香味，吃起来甜甜的；从远处就能看到和闻到它，它有着强大的吸引力。树上开满了花，释放出一个信号："这儿，有花蜜！这儿，免费畅饮！食物无限量！大家都有份儿！"这也不全是欺骗，每个夺目的花冠底部都有一滴甜蜜的液体，这是食蜜昆虫、蝙蝠和蜂鸟的佳肴，所以它们一闻到香味就会冲过去，一看见花瓣的彩色信号就会停下脚步，开心地吮吸。花朵不够坦率的地方在于强调了"免费"。常言道："若你不为产品付费，那你便是产品。"在昆虫大口吃着糖浆的时候，雄蕊装作若无其事的样子把花粉涂抹在它身上。接下来，昆虫将飞向另一朵花，放下前一朵花的一点花粉，吮吸花蜜，再沾上一点这朵花的花粉，如此反复，日复一日。这棵树将精准地完成授粉，几乎不费吹灰之力，因为它本来每天都在产出糖分。昆虫吃得饱饱的，这是树支付给它的燃料费，为的是让它们把一小包花粉从一棵树运到另一棵树。大家都过得好，达尔文主义发挥作用，生命得以发展。

花朵代表某种示意，呼唤着那些能够提供服务的东西，这个办法是可行的。花朵生机勃勃、五颜六色，如果用昆虫的视力（红色较少，蓝色和紫外线较多）来观察，可以看到花朵里有一些图案清楚地指出了花蜜的位置。花朵释放出的气味类似于等待中的雌性散发出的气味，或者有些变质的肉味，不过花朵没有什么荒唐的欲望。它们有的形成抛物线，以惊人的方式反射蝙蝠的声束，还有的形成狭窄的管，只能容纳长喙的蜂鸟，或者一些长口器的蝴蝶。这种创意十足的生物技术拥有无数种形式，目的都是有效地（我不知道它是否自愿，但确实有效）提高授粉的选择性。只要一种动物在一种植物开花时冲过去，并尽力把一朵花的花粉带到同一种花上，保证授粉顺利完成，那么目的就达到了。动物四处奔跑，像是在玩耍，其实是植物在背后控制着一切。植物聪明吗？它是否计划利用动物来授粉？它是否故意把自己身体的一部分变得复杂，从而达到这一目的？我高中时的科学老师反复强调，要像提防瘟疫一样提防目的论。他认为，动物纪录片中常常出现这种严重的问题，这是许多自然学家的疏漏造成的，更糟糕的是，这种错误违背了他反复教给我们的科学精神。他围追堵截学生作业里的蛛丝马迹，只要有一丝怀疑，就愤怒地用红笔划掉，在空白处写上"目的论!"。这个世界上的一切都是由达尔文主义的实验/错误组成和运作的，没有先验的目标，这才是科学看待事物的合理立场。但什么是"智慧"呢？

智慧是指能够靠自己解决问题和适应新问题，这是否需要自我意识？我们一无所知。自我意识存在多种形式吗？我们并不了解。海豚聪明吗？当然。狗呢？它们的主人是这么认为的。猫呢？至少我家的猫是这样。老鼠呢？我们一会儿相信，一会儿不信，最后还是信了。蚂蚁呢？单独一只蚂蚁是不够机灵的。不管怎样，它们小小的脑袋里装着的一点点神经元只够用来编写行走/停止的程序，还能对一些刺激进行简单的反应，跟一台洗衣机没什么两样。那么，谁有蚁穴的设计图呢？谁都没有。蚁后呢？蚁后不比其他蚂蚁，它只有一个大大的腹部用来产卵，它产生的荷尔蒙比其他蚂蚁更多，但它们神经元的数量是一样的。那么蚁后是如何建造出一个如此精妙、如此复杂、如此适合其功能的蚁穴的呢？蚁穴没有设计图纸，需要所有蚂蚁通力合作，每一只蚂蚁都会分到一项特别简单的任务，所有行动都由波动的荷尔蒙调配。蚂蚁拥有智慧吗？不见得。那么蚁群呢？毋庸置疑。但蚁群没有自我意识，最后，虽然没有一只蚂蚁作出决策，蚁穴就这样建成了，且功能齐备。

那么，植物拥有智慧吗？它们正在创造佳绩，但速度缓慢。它们身上有一些聪明才智，更像蚂蚁，而不像人类个体。人类有记忆力、有意图、有计划，会通过计算完成计划，知道自己是谁。和所有人一样，植物也会遇到困难，它们靠身体的形状解决问题。它们有内心世界吗？也许没有，我们已经知道它没有内在，没有内在性，它是极端的表面，这意味着与我们全然不同的生活。

我们也许可以使用图灵测试（le test de Turing），它现在主要用于研究人工智能存在的可能。机器会思考吗？

图灵使用了一个装置来测试这一点：让人类和机器用短信交流，他们相互看不到，也不知道自己在和谁交流。如果一个人在结束对话后不知道对方是人类还是机器，或者他把机器当成了人类，那么机器就应该被认为是智能的，为什么不呢？这一测试的优点在于完全以事实为基础，省去了任何对"智能"的预先定义。总体来说，如果某个实体看起来很聪明，那么它就是这样。如果它看起来是在积极思考，那么它确实如此。

所以，如果你每天晚上带着洒水壶回到我们的阳台，小心翼翼地把水浇在植物上，植物会立刻散发出香气，那么我们就可以认为，它们在某种程度上很感谢你，因为是你让它们在炎热的阳台上得以生存，所以它们要用自己的方式来取悦你，譬如明亮的颜色和醉人的香气，以此希望你每天晚上带着同一个洒水壶回来，给它们浇上生存所需的水，你就是这个阳台上唯一的水源。它们的所作所为巧妙地保障了自己的生存，你对它们来说就像一只蜜蜂，在花冠之间穿梭，脚上沾满花粉。假如它们没有香味，你就不会按时浇水，那么它们就会枯萎。

如果我们把"智慧"的概念扩展到语言运用之外，那么植物无疑是智慧的。

"那么，生命呢？"

"我们去喝一杯？"

重生前最后的快乐

　　每个夏末，我们都会去布雷斯（Bresse）待上几天，住在一栋被果树环绕的房子里。苹果树被自己的果实压得直不起腰，树枝拖在地上；楹梓树上结了好多果实，我们却不知所措，因为不知道怎么拿它做菜；李子树任由果实掉落在地上，踩上去会溅起紫色的汁液；无花果树长在南墙边上，引得贪吃的黄蜂钻进它裂开的果实里。疯狂的黄蜂到处都是。夏末，它们晃晃悠悠地穿梭在果实之间，偏爱那些熟透了的果实，这种果实熟得几乎发酸，任由果肉散发出大量的酒味。夏末正是黄蜂的季节，它们把时间留给了自己。整个春天，黄蜂都在猎取肉食来喂养幼虫，它们追赶昆虫，抢夺牛排，偷走野餐篮里的火腿，灵敏准确地飞向所有活生生、血淋淋的蛋白质来源，然后喂给它们的小家伙。这些小家伙只吃肉，而且吃得很多。接着，夏天来临，幼虫发生蜕变，年轻的孩子飞走了，不再能派上用场的老母亲终于想起了自己，它们为了自己大吃糖分，在果园和厨房里徘徊，飞行速度越来越慢，越来越犹豫，最后跌跌撞撞地飞过摆放着熟果的防水桌布。它们是对自己的年龄不抱幻想的老太太，在茶室里转来转去寻找小挞饼，不错过任何一小杯甜酒。最后，它们喝着甜甜的酒水，像年轻姑娘一样傻笑。冬天一到就什么都没有了，所以还不如趁活着的时候好好活。

　　那时候比九月份还早一点，天气温和，适合做果酱，到处都是水果的味道。早晨，天气凉爽。太阳慢悠悠地升起，一片五光十色，不费吹灰之力就驱散了薄雾，黄蜂开始嗡嗡作响。每一个果实里都有种子在等待，那么一棵树就有成千上万的种子，它们给予我们大量的果实，这样我们就可以在排便时把它们带去远一点的地方。这就是果实的定律：设下无害的陷阱，埋下小小的诱饵，甜美的果肉里密封着一粒可以繁殖生长的"胶囊"——种子，必须把它送到更远的地方。让它垂直落下完全是浪费，小树会在它的祖先脚下发芽，在大树的阴影下，它将日渐枯萎，只能等到大树凋零才能成长，征服世界的计划被推迟到一个难以实现的日期。为了到更远的地方安家，它们用尽了各种办法，降落伞、翅膀、飘动的小气球，每一项发明创造都是为了让种子在扎根之前稍稍环游一下世界。树是扎根不动的，种子提供了它仅有的旅行机会，它狂野的青春像一个搭便车的人，掠过风，飘过水，全凭运气。它离开父母，找到一片处女地，一个欢迎它的地方，然后在某处散开，再次过上静止的生活；大多数种子迷失在路上，这场旅行危机四伏。

种子最高明的技巧是求助于动物，因为它们在不断运动。种子被包裹在肥美多汁、颜色鲜艳的果肉里，果肉成熟后会散发出令人眩晕的气味。动物们蜂拥而至，什么都吃，狼吞虎咽，大快朵颐，然后在远处沿途排便。种子外面的种皮可以扛住胃液的侵蚀，完好无损地离开肠道，落在地上。裹住种子的一点粪便可以满足它最初需要的肥料，与种皮发生的化学反应甚至可以让种子发芽。动物离开了，它已然吃饱喝足，其他什么都没有注意到。

果实让动植物结为联盟，一方是能够一动不动地生产糖分的植物，另一方是能够随意把种子送去天南地北的动物。因此，在夏末，包裹在美味中的种子被慷慨地、满怀期待地送出去。每个夏末的大丰收都是笑面盈盈的交易。

"哦，生命多么慷慨！"

"来看看吧……我有你需要的东西……我有东西给你……来吧。"

延续

在一片我熟悉的草地上，我经常去看一棵被它的子孙环绕的老橡树。我常常骑车过去，路很窄，在篱笆之间蜿蜒。我特意绕路从它身旁经过，想要再看看它。草地迎来了一群白色的奶牛，它们排成一排吃草。早上，我只能看到它们的背，确切来说是它们的屁股，那些硕大的臀部一字排开，尾巴懒洋洋地拍打着。它们齐刷刷地向前，没有一丝犹豫，吃起草来就像加拿大田里的一排联合收割机。它们是行走的牛奶机器，每走一步，腿间松垮垮的乳房就晃过来晃过去。快到中午的时候，它们跪在橡树的树荫里，待在那儿咀嚼草叶，眼神空洞，一个充斥着甲烷的长屁吓飞了苍蝇，它们自己却几乎不受干扰。

在它们大得离谱的肚子下面，小小的橡树只有手指那么高，密密麻麻的，如同绕着大树树干撒下的一把沙子，它们在大树的树荫下一同长大，在牛群午睡时被压在身下。一些小树再也没有立起来，但这里仍有很多小树，大橡树每年都会任由几公斤的橡子掉在它的脚下。数千颗橡子落下，数百个发出芽，几十个在大树旁生长，就像一片矮小的森林被一股强有力的希望引向天空。因为在这机会渺茫的无情的自然界里，需要希望和勇气才能继续试试运气。几乎没有一棵树能在第二年长得高过一只手，也几乎没有一棵树能在十年后长得比我高，一棵都没有，又或许只有一棵，在几十年后长到大树——它的母亲——那么高，尽管这个词非常不恰当。但在这份"几乎"中，在基于大数法则的行为模式的微弱"机会"中，橡树缓慢地、坚定地繁殖了一代又一代。每年，同一棵树的脚下都会生长出一片充满希望的小树林，几乎没有一棵树会再长高，几乎无一例外。而那个几乎不可能的"例外"有一天会长成一棵大树，而这棵大树又会在它周围落下橡子。年复一年，橡树不断再生，因为即便机会再微弱，只要不停地重复，最终必定有结果。被热浪淹没的牛群仍对它们的大肚子下发生的事情无动于衷，那些事情的发生比它们的移动速度还要慢。

"生命？"

"……始终在蔓延。"

被吞没的"洞穴"

　　我想让儿子们看看我十几岁时住过的房子，他们不知道这座房子的存在，或者说几乎没有印象，因为我们不再去那里的时候，他们之中最大的才四岁。我的父母离世后，那座房子被转卖了三四次，我甚至不知道现在的住户叫什么名字。好吧，儿子们什么都没有看到。在去往那座房子的车上，我把记得的一切都告诉了他们，通过我的卧室窗户看到的一切，我在环绕房子的光秃秃的草地上做过的一切。我把车停在路的尽头，这条路通往那栋房子。我们从车里出来，我却一点儿都没有看到当年的景象，他们也一点儿都没有看到我刚刚跟他们讲述的一切，那些我记忆犹新的东西似乎一点儿都没有留下。我记得那么清楚，因为每个季节我都会花上好几个小时盯着那些景象，那时我十五岁，乡下的生活漫长又无聊。如今，我看不见房子上方绿草茵茵的山丘，看不见远处树木繁茂的山脊，看不见小山谷最底下的河流，看不见圆圆的山丘和上面的城堡，这一切都被高耸的枝叶吞没了，长成的树木挡住了视线，把房子打入令人窒息的孤寂中。这种孤寂也许正是那些来这里居住的人所追求的，但对于二十年后故地重游的我来说，这种孤寂是令人窒息的，我对那些景象有着清晰的记忆，却怎么也找不到它们。

我认出了那些长高的树木，我见过它们小小的样子。四十年前，它们还不存在，那块地是一个光秃秃的斜坡，还有一个老旧的葡萄园，里面都是石块，我的父母几乎没花什么钱就把它买下了。他们在这里盖了一座房子，几个朋友在远一点的地方盖了房子，在这个一无所有的地方，总共只有三栋房子。他们在那里种下了小树，树干当时还没有我的小臂粗，外面裹着苗农贴上去的标签。他们热火朝天地建设着一切，什么都种，桦树、梓树、花旗松、苹果树、椴树，还有一棵没有坚持多久的无花果树，核桃树和白蜡树也毫不客气地从周围的树篱中加入进来。这些瘦弱的树木提供不了荫凉，它们之间留出了很多空隙和大片天空。对它们来说，在可怜巴巴的新叶生长期，只要每年多长一根枝条都是胜利。我觉得它们既弱小又勇敢，每当干旱发生，我都会担心它们能否活下来。透过它们，我可以看到一片风光，谷底芦苇丛中的河流、远处锥形屋顶的城堡，仿佛置身于一幅中世纪的细密画中，还有那条穿越一切的路，蜿蜒到我们面前，却从未有人走过。现在，什么都没有了，树木已然合拢，它们为我记忆里那座晴空下的房子镀上了一层水下洞穴般的绿色微光。也许随着时间流逝，回忆也被吞噬。

儿子们开始有些坐立不安，他们看不出这些隐藏在灌木丛中的房子与我向他们描述的开阔的风景之间的联系。于是，我让大家回到车上，我们毫无遗憾地离开了。他们没有遗憾是因为对我曾经的生活一无所知，而我则是因为没有什么可留恋的，一切都消失了。我向他们传递了我的过去，但那些痕迹已经不在它原先的地方了，不在它曾经发生的地方了，仅仅存在于我的记忆里，存在于我刚刚向他们讲述的故事中。所有时刻，所有地方，所有曾围绕在我周围的生物，它们现在在哪儿呢？在我努力回忆时，它们存在于我头脑里微不可闻的噼啪声中；它们存在于我向家人讲述故事的汽车上，我手握方向盘，眼睛盯着挡风玻璃，面向前方，向坐在后排座位上的孩子们讲述；它们存在于笔划过纸张的嚓嚓声中，存在于打印机有规律的嗡嗡声中，记录的纸张一页页堆叠，被展示，被阅读，被别人再次讲述，这样我就不再是唯一记得它们的人了。然而，如果你看着我的眼睛，是看不到我心中激荡着的一切，也看不到任何对我而言清晰明了的东西。我拥有这些记忆，但它们没有留下痕迹，它们纯粹是内在的，只是我的神经元网络中的波动。对于陪我回去的儿子们来说，这什么都不是，只不过是爸爸的一个故事，尽管他们尽了最大努力，但在我的脸上看不到任何痕迹。

树的情况则正好相反：在它们身上可以看到一切，一切都有痕迹，但是它们无法构成记忆，这种记忆可以通过讲述被调动出来，它们没有记忆的器官，没有大脑，没有语言，没有感知时间流动的器官，而这对我们来说是陀螺仪和指南针。对于树来说，一切都存在于当下，没有任何东西会被认作过去的一部分，因为它们的身体就是一个不断累积的过去，那么记忆和故事还有什么意义？它们毫不在乎，既不知道过去也不知道未来，它们就在那里。我们，人类，动物，不安分的生命，我们只是经过，没有留下痕迹，只有记忆里逐渐模糊的故事提醒着我们曾经存在过。

"以前，是什么样？"

"嗯？以前？以前是什么？……"

"不快，更高，更强"

　　树在生长，无止境地生长，只是生长。树的生长持续扩大着它的表面，与空气和水接触的表面，接着将它合拢，直到占据整个空间。表面积是由两个维度决定的，体积则需要三个维度，然而树很奇特，它是由两到三个维度决定的，这很难想象，但很容易计算。

　　在我们所处的纬度上，冬天迫使一切中断，每年春天才会出现大幅度的生长，到了夏天，我们可以想象得到：在每根坚硬的树枝的末端，有一条更软、更绿的嫩枝，多出的这十或二十厘米仿佛一个透明的玉石光环，笼罩着前一年已经显现的树形。每一年，它都会更加膨胀和繁茂，树干的直径会悄悄变粗一厘米，根系会伸得更远更深，以便为体积变大的树吸收水分。它生长、弯曲、合拢，它膨胀、茂盛、变粗。我父母在四十年前种下的树木逐渐遮住了天空，挡住了视线，一片森林围住了房子，我什么也认不出了。

树什么时候会停止生长呢？永远不会。

世界上寿命最长的动物来自冰岛，是一只活了400岁的北极蛤①。它被打捞上来后就死了，也许在寒冷的海洋里还有其他同样长寿的动物，在那里，一切都变慢了。400岁，这个年纪可以和《圣经》中的族长媲美，加利福尼亚山脉上4850岁的松树不动声色地笑了，它在一个隐秘的地方生长，这样人们就不会砍掉它的树枝，用来雕刻寓意长寿的小小的护身符了，毕竟是4850岁啊。170多万天，这是很长一段时间，意味着向早晨的空气打开170多万次气孔，再关闭同样次数的气孔，坚持下来得要多大的毅力啊！

只有坚韧才能活得长久，行动缓慢的生物活得更久，冰岛的北极蛤可以证明这一点。它几乎不动，只在周日才张开一条缝隙，至于其他时间，贝肉外套膜的表面会泛起一些涟漪，仅此而已；但它毕竟还是动物，动物的结局刻在它的基因里，然而树木没有任何内在的死因，它们不情不愿地死去，它们是被迫的。

动物有一份需要完成的生长计划，而树是一个持续的迭代过程；动物一旦实现它的计划就结束了，而树反

① 最初推算这只北极蛤的年龄为405—410岁，相当于出生在中国明朝时期，因此人们给它取名"明（Ming）"，2013年，经过更严谨的计算，认为它的年龄是507岁。

复地长出同样的枝条和同样的芽，只要还有一株健康的芽，那么它就没有理由结束。真菌、食草动物、霜冻、闪电、锯子和火灾都会打垮它，但它会不断延续。松树的奇迹不在于他活了4850岁还在不停地生长，它的枝条末端总有嫩芽，而且针叶像嫩芽一样新鲜。奇迹在于，它躲过了所有天灾人祸，就像那种反复玩俄罗斯轮盘赌最后发了财的人，令人吃惊。

"树啊，我的老树，你是活着还是死了？"

"嗯，两者皆是。"

"那你不难受吗？"

"不……为什么难受？你不是这样吗？"

"当然不。我想完完全全地活着。"

每一年，树都在重复：幼芽冒出来，被蜂蜡密封的鳞叶保护它度过了冬天，一团嫩绿显露出来，仔细观察可以辨认出柔软的茎以及合拢的叶子的轮廓。没过几天，一条带着叶的小树枝就长了出来，它被一根柔软纤细的木棍绷着撑住核心，纤维素和木质素混杂。叶子茁壮成长，表面覆盖着一层蜡，光合作用开始了。如果我们仔细观察——一个放大镜恐怕不够——就能在每片树叶的叶腋处看到一个小芽，即叶柄和小枝连接的地方。一年后就轮到它了，再过一个冬天，小芽就会长成带叶的小树枝。前一年的小树枝会变成横梁，为新一年的小树枝提供支撑。这一过程将不断重复，永不停止，每年都会长出下一年的芽，这棵树也许就此成为不死之身。对于一只年老的动物来说，它身体的各个部分都会老去，最后猝然死亡，但对于一棵上了年纪的树来说，它每年长出的叶子都像新生儿皮肤一样鲜嫩，而树芯在几个世纪前就死亡了。树不是再生，它是在延展，为死去的细胞增加生命。动物要么活着，要么死了；树则两者皆是。它与自身的死亡共存，且不为它所困。它依靠着自己死去的部分生长，正是这一部分的存在让它得以延展，长得越来越高，直至死于干旱、风暴或者微生物的侵袭。它将毕生用于延展，我们活在当下，它生长在此处，等我们化作一阵穿堂风，它仍有迹可循。

无处不在的树

　　树有树的形状，没有什么比这更正常的了，你可能认为我说的是些显而易见的废话。如果你仔细观察，就会发现这种形状无处不在。痴迷于一种形状是大家都很熟悉的现象：对于重要的东西，我们到处都能看到。大脑从眼睛提供的杂物堆中计算出图像，在里面寻找我们已知的、喜爱的、熟悉的东西，以便从一团混乱的世界中提取出一些令人安心的东西。我可以拿昔日的名家为例，他们在哪里都能看到意象：达·芬奇从损坏的墙壁上的污渍中看到了风景，并建议将其临摹下来，用来丰富画作的背景；亨利·米肖"始终处在一种对面孔的狂热中。只要我拿起一支铅笔或者一支画笔，面孔就会一张接一张地出现在纸上，十张、十五张、二十张，大多数都很狂野。这些面孔是我吗？是其他人吗？它们从哪里来？"对我来说，令我痴迷的是树。

　　我上初中的时候，美术老师给我们布置了一项难以理解的练习。"用任何你喜欢的方式在纸上画线。然后看着它们，找出一个形状，跟着它走。"十二岁的孩子们听完都傻笑起来。在这个年龄段，任何无序的事物都会引起哄笑。于是我们一边乱涂一边傻笑，因为有老师的允许，我们不停地乱涂。接着，我看见了一棵树。我又试了一次，还是一棵树。在接下来的岁月里，只要我有一支铅笔、粉笔或画笔，我就会心不在焉地勾画出一棵树。这被称为"空想性错视"（la paréidolie）①，是大脑驯服世界的功能。我的目光所及之处都是树。

然而，不仅仅是我，不仅仅是因为我体内流淌着南方古猿的血脉，作为两足动物想要在树丛中寻求庇护，而是树的形状本身就非常普遍：它真的无处不在。血管、神经元、矿物树状晶、河流的流动：在现实生活中，无数过程最终都实现了这一普遍的形状。过程，因为每次的现象都是动态的，随着时间的推移而展开。我们可以在实验室重现这一过程：如果在一定压力下将一种黏性流体注入另一种黏性更大的流体，就会形成树状结构。这是一个纯粹的物理原理，可以通过硅凝胶或者任何东西来验证。它肯定适用于不同产地的巧克力，这也解释了为什么我们可以辨认出不同大小的天然树形。但是，

---

① 空想性错视，也被称为空想性错觉、幻想性错觉，是一种心理现象，指的是大脑对外界的（一幅画面或一段声音）赋予一个实际的意义，但只是巧合，实际上"意义"并不存在。

如果回到那些给形状冠名的树上，会出现一个非常奇怪的图像：一种压力下的流动性，一种内在的生命力，想要延展却被世界的密度阻挡，它们努力渗透，耗尽自己，最后变成树状，就此固定下来。树，就是生命的形状，坚持着，生长着，在一个原本不适合它的世界里为自己赢得一席之地。生命是流体介质的属性，但这并不妨碍它为活下去付出巨大的努力。

　　"那么，树呢，生命呢？"
　　"哎……沉重啊。"

柜子里的森林

"瞧，"他说，"一棵松树。"研究员戴着乳胶手套，用两根手指摇晃着一管用红色橡胶塞住的玻璃试管，里面是半透明的胶质，装得半满。透过玻璃管壁我们可以看到一棵小树，五六条根须在乳白色的胶质里相互缠绕，纤细的树干只有一根火柴那么粗，上面却覆盖着松树干独有的红色鳞叶，三根小树枝上长着正常尺寸的针叶，对比之下显得针叶无比巨大。这就是松树，尽管小小一棵，但足以辨认。给我们做展示的穿白大褂的研究员的身后，有一个打开的保温柜，在余光灯冰冷的灯光下，数百根相同的玻璃试管内都有一棵这样的松树。

"克隆人军队。"一个学生低声说。在参观课上提到《星球大战》（*Star Wars*）本应该引起阵阵笑声，如同鸽群飞过，分散大家的注意力。但他的低语里满是惊恐，我们只能用叹息回应。研究员放下手中的树，向我们展示了一个圆形的盒子，里面装了半盒白色胶质，似乎能发挥大作用。白色胶质光滑的表面上放着一些凹凸不平的小块，形状不规则，颜色是脏兮兮的棕绿色，有点恶心。

"这是胼胝质。"研究员说，"如果给予它生长因子，它就会生长。如果把它分割成块，它也会生长。如果取出一部分，用合适的生长因子培养它，它会长出根和茎，最后长成你们刚刚看到的小树。如果把它种在土里，它也会生长，二十年后会和其他树长得一样高大。"他做了一个大大的手势总结道："在这个柜子里有十万棵树，它们都源自同一个芽。"接着，他重新关上微型森林的大门，我们默默离开了实验室。

"老师，这一切都是真的吗？"一个学生不安地问道。

"刚才你看见了……"

"您确定不是在开玩笑吗？因为一棵树……还是要比这个大呀。"

一棵树可大可小，但重点不在大小。它是一个重复的结构，如果重复了很久，它就可以长得足够大。树的形状没有太多可以想象的空间：枝条上长着叶子，每个叶腋都有腋芽，次年会从那里长出带叶的枝条。树只会用一种方式延展自己，它每年重复着同一个动作，就这样持续一两个世纪。长度、大小和对称性的微小差异会导致不同的树形：杨树或山毛榉，垂柳或冬青树丛，这些是物种之间的差异。而且，由于树与空气、水和土壤紧密地交织在一起，它对一切都很敏感。它是一种微妙的形式，会记录下一切，过剩、缺乏、接触，一切都会在每年重复的生长动作中留下痕迹，这里或那里，这一刻或下一刻都会有一点不同。计划会被打乱，生长会有方向，形状会很独特；这些是个体之间的差异。

无论多大年纪，树总能迸发出新生，这种顽强的精神源于芽里的生命源泉，它被防水的蜂胶、打蜡的鳞叶以及合拢的叶片精心保护着：芽的核心是分生组织，它只有针尖大小，拥有大量的永久性胚胎细胞，它们的全能之处在于可以转化为任何细胞、枝、根或叶，具体结果取决于它周围的生长因子。

这就是从农学研究实验室里提取出来的东西，它被放在扁盒子里培养和分割，然后被种在装满白色胶体的小管子里，它将如实地还原出那棵被提取出分生组织的树。在这个被一把小镊子夹住的半透明的、又小又嫩的一团之中，一整片森林就这么被规划了出来。

"那么，生命呢？"

"始终在路上！"

这一过程是在实验室里完成的，现在已经是工业化繁殖了，但我的母亲以前也是这么做的。这种崇拜是孩子眼中的，因为孩子认为大人总有着神秘的力量，比如大人能发动汽车；能让煎饼跳起来，然后翻个面落在平底锅里；能把两只袜子叠成便于收纳的小口袋。当我们长大了一点，就会意识到这都不算什么，但惊叹的痕迹始终存在。当时，大家都说我的母亲有"绿手指"，当她把扦插枝条插进土里时，这一奇怪的表述的的确确在我眼前成真了。没过几天，这一小截光秃秃的枝条就生根发芽，长出叶子，而被截取的植物又会恢复成原来的样子。我经常梦见母亲沿着小路散步，弯下腰抚摸土地，把手指插进土里，然后我会看到她的身后突然花开一片。

我通过学习弄清了这些奥秘，也许是为了理解我的母亲，但也是为了了解插条。现在我知道这个奇迹是怎么发生的了：植物细胞的分化不是很稳定。它们会迅速脱分化，然后通过其他方式重新分化，干细胞会变成根细胞或者叶细胞，这取决于生长因子流动到茎的顶部还是底部。原则上，树的任何一个部分，无论多小，都可以重新长成一棵树，任何细胞都可以长出一整棵树；任何一棵树都可以回到最初的形态，然后重新孕育一片森林。一位母亲在花盆里种下一截什么都不是的东西，它将在她儿子惊讶的目光中长大，这个小男孩将在很长一段时间里坚信，他的母亲真的有绿手指。

无论大小，一棵树始终是一棵树；无论是单数还是

146

复数，一棵树始终如一。由于本质上可以分割和倍增，个体的概念完全不适用于它。插条和原植物的基因是相同的，因此所有保存在保温柜里的植物都拥有相同的基因，那些在稍远处自然生长和分裂的压条和根蘖与原树的基因也是相同的。树悄悄地违背了同一性原则，不假思索地实现了无处不在。即便在不同的地方，它也始终如一，它是无数共享下的同一。动物是整数，树却不见得，如果问它知不知道自己是谁，它理解不了这个问题。它也许能更好地回答它有多少的问题，只要有人告诉它怎么计算。它是所有芽相互协调的活动，是一个取之不尽的集合。

人类是一个被高墙包围的隐士王国，而树是一个流动的联邦，欢迎风儿穿过，不断地伸展自己，即使失去身体的一部分也不会受影响，身体的两个部分可以在两个不同的地方生长，本体和分身之间也不会产生混乱。我们人类则完全不一样；同样是活着，方式却不同。

我在报纸上读到，世界上最重的生物过得并不好。一头生病的大象？不是。一头受伤的鲸？不是。植物占据了地球百分之九十的重量，地球上最重的生物是植物，六千吨。磷虾的季节过后，一条略微超重的蓝鲸的重量仅有一百五十吨。最重的植物占地四十三公顷，如今已经有八万岁了。但是，如果你从它身边路过，你是看不到它的，或者说，你不会注意到任何东西。你以为自己正在一片杨树林里散步，你惊讶地发现，除了一棵棵挤在一起的杨树，其他什么都没有，而且整片小树林里的杨树都是一个模样。这也许是一片人工林，但树的年龄不尽相同，而且根本没有排列整齐。遗传学提供了一个解释要素：树林里的树拥有无数的身体，却都是同一个个体，它发出的嫩芽变成了树干，然后不断自我繁殖，直到创造出整片树林，交错相通的根系连接起同生不同岁的杨树。

它在哪儿？

啊，它就在这儿：万物都是它。在如此奇观面前，拼写也变得犹豫不决。

树天生居无定所，潜伏在每棵芽中。树可以被分割，可以进行嫁接，也就是说，树的一个身体里住着好多个体。即使被毁掉一半，只要不是特别严重，它仍然可以存活：无论怎样，它都是它自己。我们称为"个体"的东西在它身上是可以被分割的，这个词也因此变得荒谬，如果可以被分割，那么个体也不是同一个了。树的形象是模糊的，我们与它/它们之间的交流也是如此；我们不再知道该如何描述它，所有人类语法中常见的代词到了树这里都没什么帮助，比如对人类来说，"一"应该始终等于"一"，所以我们无法清楚地说明它到底是什么。它一动不动，却逃脱了；我们使用的语言是为了方便自己，却无法准确地捕捉到它。我们对树哑口无言,这意味着不可思议。

　　"树?"
　　"对!"
　　它只会这么说,不知疲倦地证明自己的存在。

普遍存在的白蚁穴难题

在我学习自然科学的图书馆里，阅览室是一个悬浮在半空中的玻璃立方体，图书挤在低矮的书架上，这样读者在阅读时就不会错过任何天空的景色。粗野主义建筑①可以提供宽敞的空间和视野，读者可以在明亮的光线下阅读。

所以，我是从书上了解到大自然的吗？

除了书上，还能在什么地方？

沿途细瞧都是徒劳，科学是看不见的。它首先是一种见解，我们不可能用短短一生靠自己去重构一切，因此必须通过查阅书籍来了解并接近这种见解，那些书里记录着迄今为止发生的一切，哪怕之后我们自己要再增加几页。

———————

① 粗野主义建筑来自 20 世纪 50 年代初的英国，主张使用不抹灰的钢筋混凝土构件，不仅降低了建筑成本，还可以形成一种毛糙、沉重与粗野的风格。

我特别喜欢阅读皮埃尔-保罗·格拉塞（Pierre-Paul Grassé）的《动物学专论》（*Traité de zoologie*），我满怀敬畏和痴迷去阅读它，它就像一座很高的塔楼，当你站在它的脚下，仰望它的顶端时，你会头晕目眩，膝盖发抖。这三十八卷书占据了三米多的书架空间，可能至少有三万五千页，而我需要通读全书才能完成我的研究。书里什么都有，几乎没有人见过的动物都被画了出来，并被解剖和分析，每一种生活方式都有所描述。我有时会随手拿起一卷，然后发现一个由奇丑无比的野兽组成的默默无闻的科目，我礼貌地向它们致意，就像对待这栋公共大楼里的邻居一样。那些我们不知道名字的动物有时会和我们一起搭乘电梯，我们装出一副心事重重的样子，眼睛盯着滚动的楼层数字，仿佛努力数数就能帮助它们滚动。我扯远了，是这栋宏伟的建筑让我异想天开，这可能也是我热爱科学的部分原因：我喜欢奇观和异想天开。

我把那卷又大又重的书放回去，把这种书放好需要用两只手，然后我离开阅览室去休息一下，活动活动双腿，再回来继续学习。在这个图书馆里，除了阅览室，哪里都不舒适。这就是粗野主义建筑的缺点所在：它对人类的基本功能一无所知，比如人们喜欢坐着聊天。一个大得出奇的楼梯占据了建筑的中心，打通了每一层楼，楼层之间是豪华的无窗楼梯平台。平台非常宽，非常大，唯一的用处是让人通过，这么一来更是宽得好笑。学生们在平台上闲逛、聊天、学习、阅读，上面没有座位，所以他们要么站着，要么靠墙坐在地板上，头上顶着霓虹灯发出的黄色灯光。这座成功用混凝土浇筑而成的图书馆主要用于储存书籍，人们也可以坐在桌前查阅书籍。其他教育功能都乱糟糟地堆在阅览室周围无用的空间里。实在太浪费了，图书馆整体的功效也被削弱了。为什么人类的建筑往往设计得如此糟糕？为什么它们总是忽略大部分功能，单单偏重一种功能，而其他生物总能在最小的空间内完整且完美地发挥所有功能？为什么粗野主义的建筑总是无法实现预期的功效，充满了缺陷和无用的空间？然而，哪怕是最小的树都能展示出所有的功能，以令人钦佩的节俭方式实现了完美的和谐，既不浪费材料也不浪费空间。

那么，树的完美设计是如何实现的呢？

首先，设计图在哪儿？

哪儿都没有。没有人会为一棵树绘制设计图，然后让树照着图纸生长；树未来的形状也不会被保存在某个地方，以便我们在建造之前参考。创造一个没有被设计过的复杂结构，这一谜团被称作"白蚁窝谜题"，或者"蚁穴、蜂巢谜题"；仔细想一想，这也是人类社会的问题：社群中没有一位成员能够理解他们在做的任何事，那么如何实现这么复杂的社群结构？

我在皮埃尔-保罗·格拉塞书写的纸质丰碑中漫步时产生了一个想法。除了汇编人类知道的所有关于动物的知识之外，他还添加了一块属于自己的砖瓦，为白蚁窝布局这一实际且哲学的问题提出了解决方案。他将其称为"共识主动性（stigmergie）"①，这是一个未经推敲的奇怪名称，意思是"识别行动"。换句话说，就是通过劳动者共同完成的任务来激励它们。白蚁的神经元不足以让它们思考自己在做什么，它们也没有足够的基因将其编写到每个神经元中，所以，是一只白蚁进行的小工作在短距离内触发了另一只白蚁，一只白蚁放下混有臭烘烘唾液的小泥球会导致另一只白蚁做出同样的动作，白蚁窝的支柱就是这样形成的。当气味足够强烈时，它们会把小泥球堆成拱门。就这样，一万名劳动者完成了一万项行动，它们的注意力都集中在刚刚完成的工作上，结构完好的白蚁窝平地而起。集体建造出的对象将会指导这个集体的工作，最终，白蚁窝仿佛是自己建成的，而这片工地上极其缺乏远见的劳动者从未预料，甚至从未想象过它们在做什么。白蚁窝是集体劳动的新兴结构，白蚁只是建筑过程中的项目经理。我们猜想，如果没有城市计划，人类的城市会以和白蚁窝同样的方式出现。

---

① 共识主动性是社会网络中生物个体的信息协调机制。在没有中枢控制和接触交流的条件下，群体通过同频共振，达到信息对称，个体独立行动，互相修正，自我更新，逐步完善群体的生态环境。

或许我们可以对这一原则进行一些调整，然后将其应用在树身上。劳动者是位于芽中、树干四周和根部末端的分生组织，它们始终按照一些简单的激活/抑制规律生长。每位劳动者都几乎没有什么可能性，它的生长被其他劳动者的存在所控制，并通过所有劳动者产生和接受的生长因子来控制其他劳动者的存在。芽的自动调节的集体所构建的对象是什么？是树本身；它是所有正在发育和相互作用的芽所产生的平衡形式，是它所创造的、将它包裹的环境气泡，是每位劳动者通过活动建造起来的社群。每株芽都影响着相邻的芽，它们通过各种各样的信号相互调节，整体上以一种严密的方式生长，而且总是采取最优原则。

　　"那么，生命呢？"
　　"一起，大家一起。"

树的秘密是无欲无求

　　一棵树的想法和《索拉里斯星》（*Solaris*）[①]中的海洋的想法一样不可思议。在史坦尼斯劳·莱姆（Stanisław Lem）的笔下，不同学科的研究人员试图了解这个巨大的生命，它也是索拉里斯星球上唯一的居民，这个巨型原生质体能够扭曲，变成不同形状，甚至可以改变索拉里斯星球的轨道，以便与它绕转的两个太阳保持安全距离。然而没有人理解它所做的一切，因为这片海洋就像一个光秃秃、孤零零的大脑，没有任何器官，占据了整个空间，永远自顾自地滚动，个体、他者和沟通的概念对它来说可能是完全陌生的。它似乎在阅读那些小小人类的想法，他们就生活在它周围，在轨道上的一座空间站里。它似乎完全不理解他们，从他们的梦境、记

[①] 波兰科幻小说作家史坦尼斯劳·莱姆（Stanisław Lem，1921—2006）于1961年出版的科幻小说，该星球的表面覆盖着一层具有自我意识的大洋。

155

忆和焦虑中创造出各种形状，就像面对那些白费力气与它交谈的人举起毫无表情的镜子。它只会这么做，只会用身体制造出各种形状，能够辨认但毫无意义，背后也没有故事，因为它也许并不知道什么是语言，什么是叙述，什么是对话。在这部小说中，人类在一次探险时发现了这里，接着就开始尝试接触它，持续了一个世纪之久。也许是因为面对着这个独一无二的永恒存在，如此善于交际的人类遇到了他们所能达到的知识的极限，但他们不肯放弃，因为人类始终是锲而不舍的。

从本质上来说，人类是复数的，会移动，能说话，懂地理，明白地点的多样性和历史感，理解过去、未来和结局的意义。动物会动，因此它们也是有灵魂的，它们气喘吁吁，四处奔跑，相互碰撞，这是人类强加在动物身上的观念，在人类能理解和不能理解之间进行了划分。

植物则遵循着另一种划分：它们是在成长的，是有活力的，不断生长却从不移动位置，我们也听不到它们的呼吸。在科学的早先形式中，我们知道得很少，却很喜欢归类，我们把所有已知的生物都堆成一个有逻辑的金字塔，力求没有遗漏，并把最高的位置留给了人类（好吧，第二高，因为上帝总是被放在金字塔的顶端）。在这个已然老旧的形式中，我们根据生命的众多特性之一将它们分为不同等级，这个特性是我们认为最重要的：

矿物存在，植物生存，动物感觉，人类理解；这么说似乎很有秩序，很有逻辑，也很有必要，每个更加复杂的生命都嵌套着其他不那么复杂的生命，除了拥有前一个生命的特性外，每个生命还有自己的特性，因此它们的存在方式要比前一个生命更广、更深。这些等级制度很微妙，甚至有点社团主义，因为它们是从人类的角度看待一切的，根据这种制度，我们是智人，是善解人意的动物，而比牡蛎还要慢的植物允许自己没有灵魂地活着，因为灵魂就是运动。

狂热的躁动使得我们无法清楚地看到它们的缓慢；面对那些一动不动的生物，或者说，它们的运动遵循着一种我们无法立即感知的节奏，我们的理解力受到了严峻的考验，这些等级化的分类导致我们无法看清和理解。从珍奇馆的逻辑来看，我们并没有取得什么进展，因为当代科学和大众文化都在努力将人类的形式转移到那些陪伴我们却不像我们的生命上。植物是其他形式的生命，为了保证它们的特殊性得到认可，植物学家弗朗西斯·阿雷（Francis Hallé）付出了许多努力，他说："我们使用的动物语言并不适用于叙述植物的真相。"遗憾的是，我们坚持用我们的方式来思考它们。与众不同，这是树木最美妙的地方。思考它们对生命的看法是一次非常美妙的历险。是的，它们。

我们面对着树，就像宇航员面对着索拉里斯星球上的海洋，它似乎在思考，因为它创造出了不同的形状。但是我们不知道它在思考什么，也不知道它是如何思考的，甚至有时候认为它所做的一切都是巧合。然而在小说里，在海洋之上的空间站生活的人，也就是生活在它身边的人，发现它其实非常了解他们是谁，因为它会给他们发送十分奇特的形状，而且这些形状能完全跟他们对应上，是人类的记忆或者幻想的形状，意义隽永。不过它只会这样对待他们，仿佛他们脚下的海洋执行了梦境的任务，在白天展示出他们只敢在睡眠的庇护所里思考的东西。他们不知道为什么，也不知道发生了什么，但他们陷入了一段奇异的关系之中，对方是生机勃勃的海洋，它从低处看着他们，从未和他们说过话，不声不响地向他们展示着未知的东西，他们已经离不开它了。这听上去就像是用太空歌剧（space opera）的形式表现一次精神分析。

为了了解树在想什么，我们可能需要按照史坦尼斯劳·莱姆的设想，仿照索拉里斯星球研究所成立一个树木学研究所，把尽可能多的诗人、哲学家、符号学家、舞蹈家、雕塑家、物理学家和生物学家以及其他方面的专家聚集到一起，还要邀请一些对什么事都不精通但喋喋不休的作家，他们可以一同想象这些我们熟悉却不可思议的生物在想些什么。首先需要把大家聚在一起，然后一起努力，尝试弄清楚"思考"的意义，最终将其应用在树身上。

这项任务很艰巨，甚至可能永无止境，但对我们来说很重要，因为如果我们想要理解自己，就要试着理解其他生物的生存方式，这对我们理解自己的生存方式来说是一种补充和丰富，或许也会有一些启示。在我们周围的无数植物中，树是唯一有可能与我们对话的：它身材高大，昂首挺胸，没有一棵树是完全按照自己的意愿单独生活的，我们几乎把它想象成了人类，没过一会儿，树皮中就会幻化出一张脸。完全陌生，却又异常熟悉。

另一种生存方式是什么？是不朽，是没有限制，是不确定什么是个体，是占据所有空间，是没有意识的介入，只通过身体的形状思考，是无视语言这个概念；这不是我们，这一点是肯定的。树就是它自己，无法被人类同化，但它也许能生出同理心。树是有生命的，就像我们一样，但生存方式完全不同。我们可以坐在它面前，花足够长的时间看着它，与它温柔的摇摆产生共鸣，直到问出真正想问的问题："你是怎么做到如此优雅地生活在这个星球上的？"等待，再等待，看到并听到它们通过自己的存在给出答案，这种回应模式在人类的思维中被叫作：显而易见。

"你认为生命是什么?"

"……"（树叶在明亮的空气中摇曳，轻柔地沙沙作响，无休无止。）

它回答了吗?

图书在版编目（CIP）数据

与树同在 /（法）阿莱克西·热尼著；黄荭译. —
上海：东方出版中心, 2024.3
ISBN 978-7-5473-2253-6

Ⅰ. ①与… Ⅱ. ①阿… ②黄… Ⅲ. ①树木学 – 文集
Ⅳ. ①S718.4-53

中国国家版本馆CIP数据核字（2024）第046018号

PARMI LES ARBRES
By ALEXIS JENNI
© ACTES SUD, 2021
Simplified Chinese Edition arranged through S.A.S BiMot Culture, France.
Simplified Chinese Translation Copyright ©2024 by Orient Publishing Center.
ALL RIGHTS RESERVED.

上海市版权局著作权登记：图字09-2024-0376号

与树同在

著　者	[法]阿莱克西·热尼
译　者	黄　荭
责任编辑	张馨予
装帧设计	付诗意

出 版 人	陈义望
出版发行	东方出版中心
地　址	上海市仙霞路345号
邮政编码	200336
电　话	021-62417400
印 刷 者	上海盛通时代印刷有限公司

开　本	787mm×1092mm　1/32
印　张	5.5
字　数	90千字
版　次	2024年9月第1版
印　次	2024年9月第1次印刷
定　价	59.80元